ADAC

Zeittafel Automobil Geschichte

Personen, Unternehmen & Ereignisse

29. Januar 1886 | Patentanmeldung „Motorwagen" durch Carl Benz. Das dreirädrige Fahrzeug legt in Mannheim die ersten Meter zurück.Fast gleichzeitig stellen Gottlieb Daimler und Wilhelm Maybach eine vierrädrige Motorkutsche vor, die von einem Benzinmotor angetrieben wird. ▼

1888 | Erste Überlandfahrt Mannheim–Pforzheim durch Bertha Benz (120 km). ▼

1891 | Peugeot, bis dahin vor allem Fabrikant von Fahrrädern und Pfeffermühlen, beginnt mit der Produktion von Automobilen. Die Motoren kommen von Daimler

1887 | Während die Welt noch über die ersten Automobile staunt, umrundet der Brite Thomas Stevens als erster Mensch die Erde auf einem Fahrrad.

1887 | Giacinto Ghia, Gründer des gleichnamigen Automobil-Designstudios, wird in Turin/Italien geboten.

1888 | Siegfried Marcus baut in Wien einen eigenen Motorwagen.

1888 | In Preußen müssen Fahrzeugführer von nun an eine „Chauffeur-Befähigung" besitzen – der Vorläufer des heutigen Führerscheins.

1890 | Gottlieb Daimler gründet mit den finanzkräftigen Partnern Wilhelm Lorenz und Max Duttenhofer im November die Daimler-Motoren-Gesellschaft AG. Firmensitz wird ein zuvor von Daimler erworbenes Grundstück mit Werksgebäuden am Cannstatter Seelberg. ▼

1893 | Rudolf Diesel erhält das Patent für den Dieselmotor, bei dem das Kraftstoff-Luft-Gemisch nicht durch eine Zündkerze, sondern alleine durch die Kompression im Zylinder zur Explosion gebracht wird. In der Maschinenfabrik Augsburg läuft zum ersten Mal ein Versuchsmotor. ▼

1895 | Friedrich Lutzmann startet in Dessau die dritte deutsche Automobil-Produktion.

1895 | In Netphen nimmt der erste benzinbetriebene Omnibus den Dienst auf.

1895 | Der Buchhändler Václav Laurin und der Schlosser Václav Klement gründen in Mladá Boleslav (heutiges Tschechien) eine Automobilproduktion, aus der später Skoda hervorgeht.

1895 | In Paris gründen private Automobilenthusiasten den Automobile Club de France. Der ACF ist weltweit der erste Verein seiner Art und veranstaltet im Jahr 1906 mit dem Prix de l'Automobile Club de France den ersten Grand Prix überhaupt.

1893 | Carl Benz stellt sein erstes vierrädriges Fahrzeug vor, die kutschenähnliche „Viktoria". Der am 25. November 1844 als Karl Friedrich Michael Wailend geborene deutsche Ingenieur rüstet die Weiterentwicklung des Benz Patent-Motorwagen Nummer 3 mit einem anfangs 3 PS starken, hinten liegenden Einzylindermotor aus. Der Hubraum des Antriebsaggregats wird bis zum letzten Produktionsjahr 1900 sukzessive von 1730 auf 2915 cm³ vergrößert, wodurch eine Leistungssteigerung auf 6 PS gelingt. Die Kraftübertragung des Motors erfolgt über ein zweistufiges Flachriemengetriebe und Ketten an die Hinterräder, später ist auch ein dreistufiges Planetengetriebe mit Rückwärtsgang erhältlich. Das Fahrwerk ist geprägt von Holzspeichenrädern und Starrachsen mit Vollelliptik-Blattfedern. ▼

Fahrzeuge & Technik

1886 | Der amerikanische Ingenieur Charles Martin Hall und der französische Chemiker Paul Héroult setzen unabhängig voneinander erstmals Elektrolyse ein, um Aluminium zu gewinnen. Das nach ihnen benannte Hall-Héroult-Verfahren wird noch heute zur Herstellung des Leichtmetalls angewandt.

1888 | Der britische Tierarzt John Boyd Dunlop entwickelt einen mit Luft gefüllten Reifen für Pkw. ▼

Motorsport & Rekorde

1892 | In der Nähe von Mantua/Italien wird Tazio Nuvolari geboren, einer der Grand-Prix-Stars der 1930er Jahre.

1894 | Zwischen Paris und Rouen in Frankreich wird das erste Autorennen der Geschichte durchgeführt (126 km).

Zeitgeschehen

1886 | In Atlanta (USA) erfindet der kokainsüchtige Drogist John Stith Pemberton das Getränk Coca-Cola.

1888 | Der Physiker Heinrich Hertz legt mit seiner Arbeit „Über Strahlen elektrischer Kraft" den Grundstein für die Entwicklung von Funk- und Radiotechnik.

1890 | Reichskanzler Otto von Bismarck tritt nach innenpolitischen Meinungsverschiedenheiten mit dem letzten deutschen Kaiser Wilhelm II. zurück.

1893 | Neuseeland gewährt als erster moderner Staat den Frauen das Wahlrecht. In Großbritannien findet das erste Damen-Golf-Turnier statt.

1895 | Der Physiker Wilhelm Conrad Röntgen entdeckt ein Verfahren, mit Hilfe von elektromagnetischen Wellen das Innere menschlicher Körper abzubilden.

1896	1897	1898	1899	1900

1896 | In England wird der „Red Flag Act“ abgeschafft, wonach 55 Meter vor jedem Automobil eine Begleitperson mit einer roter Fahne als Warnung für Fußgänger laufen muss. Ab sofort dürfen Autos in Städten schneller als Schrittgeschwindigkeit fahren. Prompt fordert der Stadtverkehr von London das erste offiziell registrierte Todesopfer durch einen Unfall mit einem Automobil.

1896 | Armand Peugeot gründet das Unternehmen Société Anonyme des Automobiles Peugeot mit Sitzen in Audincourt und Lille. Als Unternehmer ist die Familie aber schon seit Jahrzehnten aktiv. Das Markenzeichen – der Löwe – ist bereits seit 1850 geschützt. Die Fahrradproduktion läuft seit dem Jahr 1885. ▼

1896 | Anlässlich der Feierlichkeiten zur Abschaffung des „Red Flag Act“ findet das erste Rennen von London nach Brighton statt.

1896 | Das von Pierre de Coubertin zwei Jahre zuvor in Paris gegründete Internationale Olympische Komitee veranstaltet in Athen die ersten Spiele der Neuzeit.

1897 | Im Berliner Hotel Bristol findet zum ersten Mal eine Messe statt, die sich „Internationale Automobilausstellung“ nennt. Dem staunenden Publikum werden acht „Motorwagen“ präsentiert.

1897 | Rudolf Diesel baut in Zusammenarbeit mit der Maschinenfabrik Augsburg-Nürnberg (MAN) den ersten Dieselmotor.

1897 | Carl Benz entwickelt einen Zweizylinder-Motor in Boxer-Bauweise.

1897 | Ferdinand Porsche erfindet den Radnaben-Elektromotor. Der „Autoingenieur des Jahrhunderts“, zu dem Ferdinand Porsche über 100 Jahre später von einer internationalen Jury gewählt wird, gibt ihm den lateinischen Namen „Semper Vivus“, was so viel wie „der immer Lebendige“ bedeutet. ▼

1897 | Goldfunde am Klondike River in Kanada führen zum größten Goldrausch der Geschichte. Mehr als 100.000 so genannte „Stampeders“ versuchen ihr Glück.

1898 | Die Brüder Louis, Fernand und Marcel Renault erhalten am Heiligen Abend die ersten Bestellungen für ihr selbst konstruiertes „Voiturette“ – der Tag gilt als offizielle Geburtsstunde der Firma Renault. ▼

1898 | Das erste Auto mit Frontantrieb (Gräf & Stift) kommt auf den Markt.

1898 | In den USA wird ein Scheinwerfer mit den Bewegungen der Vorderachse verbunden, um die Fahrtrichtung anzuzeigen.

1898 | Der Franzose Gaston de Chasseloup-Laubat stellt den ersten offiziellen Geschwindigkeitsrekord auf. Mit einem Elektroauto erreicht er 63,15 km/h.

1898 | Im Zuge des spanisch-amerikanischen Krieges annektieren die USA Hawaii, Puerto Rico und die Philippinen. Sie besetzen außerdem das unabhängige Kuba.

1899 | Carl Benz gründet die Benz & Cie., verlässt die Firma aber vier Jahre später wieder.

1899 | Die fünf Brüder Carl, Wilhelm, Heinrich, Fritz und Ludwig Opel übernehmen die Anhaltinische Motorwagenfabrik in Dessau vom Gründer Friedrich Lutzmann. Sie beginnen in Rüsselsheim mit der Produktion des Patent-Motorwagen System Lutzmann. ▼

1899 | In Turin wird die Fabbrica Italiana Automobili Torino – kurz FIAT – gegründet. Das erste Modell der neuen Firma ist der Fiat Typ 3 1/2 HP, von dem bis 1900 ungefähr 20 Exemplare verkauft werden. ▼

1899 | Ein Elektrofahrzeug knackt als erstes die 100-km/h-Marke. Am Steuer der Franzose Camille Jenatzy.

1899 | In der niederländischen Stadt Den Haag findet eine Friedenskonferenz statt, die Abkommen zum Kriegsvölkerrecht und weitere internationale Gesetze beschließt.

1900 | Der deutsche Ingenieur, Konstrukteur und Industrielle Gottlieb Wilhelm Daimler stirbt am 6. März im Alter von knapp 66 Jahren in seinem Haus in Cannstatt. Der herzkranke Automobilpionier fällt bei einer Probefahrt mit dem neuen Phönix-Wagen wahrscheinlich aufgrund eines Infarktes vom Sitz des Wagens.

1900 | Mit seinen Radnabenmotoren als Antriebsquelle erregt das Lohner-Porsche Elektromobil auf der Weltausstellung in Paris großes Aufsehen. Die zeitgenössische Presse feiert

Porsches Entwicklung des ersten bis dahin existierenden transmissionslosen Fahrzeuges als „epochemachende Neuheit“. Die in den Radnaben der beiden Vorderräder eingebauten Elektromotoren erbringen eine Leistung von 2,5 PS bei 120/min. Ein 44-zelliger Akkumulator mit 80 Volt/300 Ah ermöglicht eine Fahrstrecke von 50 Kilometern pro Batterieladung. Das einzige österreichische Automobil auf der damaligen Weltausstellung erreicht eine maximale Geschwindigkeit von rund 50 km/h und glänzte mit einem traumhaften Wirkungsgrad von 85 Prozent.

1900 | In Warschau/Polen wird Hans Stuck geboren, einer der erfolgreichsten deutschen Rennfahrer der Zeit vor dem Zweiten Weltkrieg. Der Vater von Hans-Joachim „Strietzel“ Stuck ist vor allem bei Bergrennen nahezu unschlagbar. ▶

1900 | Die Weltausstellung in Paris hat über 50 Millionen Besucher, die zahlreiche technische Neuerungen (u. a. Tonfilm, Rolltreppen) bestaunen.

Impressum

HEEL Verlag GmbH
Gut Pottscheidt
53639 Königswinter
Telefon 02223 92 30-0
Telefax 02223 9230-13
Mail: info@heel-verlag.de
Internet: www.heel-verlag.de

Verantwortlich für den Inhalt:
Christian Schön

Lektorat:
Jürgen Schlegelmilch

Satz und Gestaltung:
A. Mertens, HEEL Verlag

Fotonachweis
ADAC (1903, 1911, 1925, 1928, 1930, 1954, 1962, 1987, 1996); Alfa Romeo Werksarchiv (1910, 1920, 1925, 1928, 1992, 1993); Audi AG/Audi Tradition (1901, 1904, 1910, 1921, 1926, 1931, 1932, 1933, 1938, 1958, 1964, 1965, 1966, 1980, 1981, 1998, 2006, 2008); Bentley (1919, 2003); BMW AG (1906, 1917, 1928, 1959, 1974, 2001, 2007, 2008, 2011); Bugatti (2005); Chrysler (2004, 2008); Citroën (1919, 1933, 1934, 1949, 1969, 1994, 2010); Dunlop (1888); Fiat (1899, 1957, 1988, 1990, 2004, 2010); Ford (1904, 1908, 1913, 1930, 1958, 1964, 1970, 1985, 1994); GM Corp. (1899, 1902, 1908, 1924, 1928, 1935, 1968, 1970, 1978, 1981, 1982, 1989, 1996, 2004); HEEL Archiv (1967, 1970, 1991, 2009); Honda (1948, 1990); Jeep (1941); Lamborghini (1963); Lancia (1922); Mazda (1960, 1983); Mercedes-Benz AG Konzernarchiv (Titel, 1886, 1888, 1890, 1893, 1901, 1902, 1905, 1909, 1921, 1926, 1927, 1929, 1936, 1951, 1952, 1954, 1955, 1963, 1977, 1980, 1989, 1995, 2000, 2002, 2006); Michelin (1946); Mitsubishi (2001); Peugeot (1896, 1934); Porsche AG (Titel, 1900, 1931, 1947, 1963, 1974, 1977, 1986, 1996, 1998, 2011); Rebmann, Dieter (1987); Renault (1898, 1984); Saab (1947); Schlegelmilch, Jürgen (1897, 1907, 1911, 1953, 1962); Smart (1998); Spurzem, Lothar (1966); Subaru (1972); Tesla (2006); Toyota (1971, 1997); Volvo (1927, 1959, 1971, 1994); VW Volkswagen AG (1938, 1942, 1947, 1949, 1956, 1973, 1974, 1976, 1978, 1991, 1997, 2002, 2003)

Druck und Verarbeitung: Printed in China

ISBN: 978-3-86852-376-8

1901

1901 | Ausgerechnet auf der Insel Madagaskar – zu der Zeit französische Kolonie – wird die erste Straße eröffnet, die nur von Automobilen genutzt werden darf.

1901 | Wilhelm Maybach (Fa. Daimler) meldet die Trommelbremse zum Patent an.

1901 | Die Daimler Motoren-Gesellschaft verwendet erstmals die Modellbezeichnung „Mercedes“. Namensgeber ist die Tochter des österreichischen Industriellen und Rennfahrers Emil Jellinek, mit dem Daimler kooperiert. Aus dem Spanischen übersetzt bedeutet der Name so viel wie „Gnade“. ▼

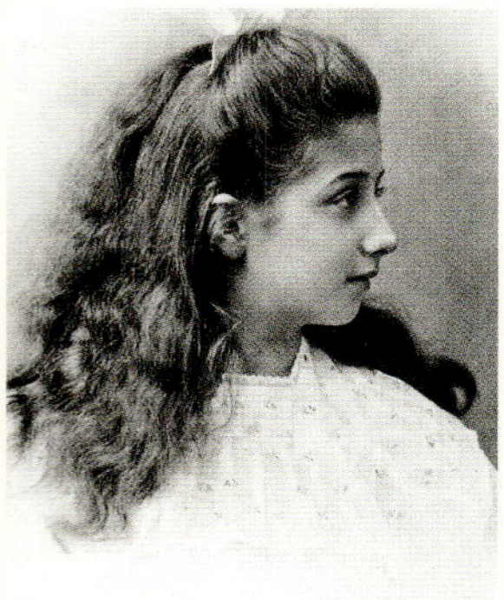

1901 | Erstmals werden die Nobelpreise (Physik, Chemie, Medizin, Friedensnobelpreis) verliehen. Das Preisgeld stammt aus dem Erbe des Dynamit-Erfinders Alfred Nobel.

1902

1902 | Opel stellt das erste selbst konstruierte Fahrzeug vor, den Opel 10/12 PS. ▼

1902 | Als Nachfolgemodell des Mercedes 35 PS Renn- und Tourenwagen zählt der Mercedes-Simplex 40 PS Rennwagen zu den Supersportwagen seiner Zeit. Bereits ein Jahr zuvor haben sich die Konstrukteure Wilhelm Maybach und Josef Brauner mit der Konstruktion des neuen Modells beschäftigt und ihre Neukonstruktion mit dem 29,4 kW starken Motor konsequent auf mehr Leistung, einfachere Bedienung und größere Zuverlässigkeit ausgelegt. Der Simplex wird ein Erfolgsmodell für die Daimler-Motoren-Gesellschaft: Er dominiert die berühmte Rennwoche von Nizza im April 1902 mit einem Sieg im Rennen Nizza – La Turbie mit E.T. Stead am Lenkrad. Der Simplex 40 PS gilt heute als der älteste noch existierende Mercedes. ▼

1902 | Erstes Allradauto der Marke Spyker.

1902 | Das Patent der Scheibenbremse geht an den Engländer Frederick William Lancester.

1902 | Robert Bosch aus Stuttgart erhält am 7. Januar das Patent auf eine „Magnetelektronische Zündvorrichtung für Explosionskraftmaschinen“.

1902 | Der Amerikaner William K. Vanderbilt stellt den ersten offiziellen Geschwindigkeitsrekord für ein Fahrzeug mit Verbrennungsmotor auf. Er erreicht 123,28 km/h.

1902 | In Wien spielen zum ersten Mal zwei nicht-britische Fußballnationalmannschaften gegeneinander. Österreich schlägt Ungarn 5:0.

1903

1903 | Henry Ford gründet zusammen mit einer Gruppe Investoren in Detroit (US-Bundesstaat Michigan) die Ford Motor Company. ▼

1903 | In Stuttgart wird am 24. Mai die Deutsche Motorradfahrer-Vereinigung (DMV) als Interessenvertretung für das Kraftfahrzeug des Mittelstands, das Motorrad, gegründet. ▼

1903 | Die Amerikanerin Mary Anderson entwickelt einen mechanischen Scheibenwischer.

1903 | Beim Langstreckenrennen Paris–Madrid kommen neun Menschen ums Leben darunter der Automobilkonstrukteur Marcel Renault. Das Rennen wird abgebrochen und ähnliche Veranstaltungen in Frankreich für die Zukunft verboten.

1903 | Den Brüdern Wilbur und Orville Wright gelingt an der Küste von North Carolina (USA) der erste gesteuerte Flug mit einem motorbetriebenen Doppeldecker.

1904

1904 | Zwischen Braunschweig und Wendeburg wird die erste deutsche Überlandlinie für Omnibusse eingerichtet.

1904 | Die Reifen erhalten nun ein Profil, durch Zugabe von Ruß sind sie ab sofort grundsätzlich schwarz.

1904 | Der Amerikaner Harry D. Weed meldet die Schneekette zum Patent an.

1904 | In Novara/Italien wird Achille Varzi geboren, der in den 1930er Jahren u. a. für die Auto Union Grands Prix bestreitet. ▼

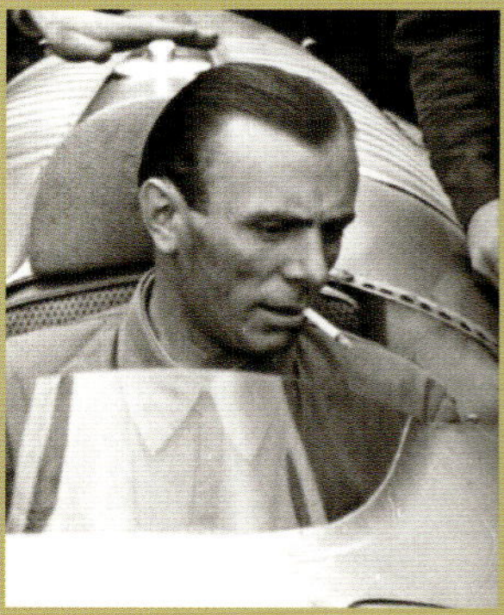

1904 | Der britisch-deutsche Maler und Musiker Hubert von Herkomer führt die erste Zuverlässigkeitsfahrt für Automobile in Deutschland durch.

1904 | Argentinien übernimmt ein zuvor von Briten errichtetes Gebäude in der Antarktis und baut sie zur ersten ständig besetzten Forschungsstation ihrer Art aus.

1905	1906	1907	1908	1909

1905 | Der am 8. November 1866 in der Grafschaft Buckinghamshire geborene englische Industrielle und Politiker Herbert Austin, 1. Baron Austin KBE, gründet die Austin Motor Company. Als Firmensitz der ersten britischen Automobilfabrik dient eine ehemalige Druckerei in Longbridge bei Birmingham. Zuvor arbeitete Austin als Manager bei Wolseley Tool and Motor Car Company. ▼

▲ **1905 |** Der Schweizer Alfred Büchi erfindet den Abgas-Turbolader und auch den Ladeluftkühler.

1905 | Der Franzose Leon Creux meldet eine Vorrichtung zum Patent an, mit der die vom Motor benötigte Ansaugluft vorverdichtet wird. Daraus geht in den 1980er Jahren der Spirallader (G-Lader) hervor.

1905 | Prinz Heinrich von Preußen – Bruder von Kaiser Wilhelm II. – meldet einen mechanischen Scheibenwischer zum Patent an.

1905 | Albert Einstein stellt seine „Spezielle Relativitätstheorie" zum Zusammenhang von Raum und Zeit vor. Bekannteste Formel daraus: E=m x c².

1906 | Henry Royce, britischer Automobilproduzent, und Charles Rolls (Foto), bis dahin Importeur französischer Luxus-Fahrzeuge, gründen die gemeinsame Firma Rolls-Royce. Ihr erstes gemeinsames Produkt ist der „Silver Ghost". ▼

1906 | Carl Benz Söhne Richard und Eugen gründen die Firma C. Benz & Söhne.

1906 | Der Automobile Club de France veranstaltet am 26./27. Juni mit 32 Fahrzeuge über eine Distanz von mehr als 1200 km in Le Mans den ersten Grand Prix der Geschichte. Sieger wird der Ungar Ferenc Szisz auf Renault.

1906 | Fred Marriott ist der erste Mensch, der schneller als 200 km/h fährt. Mit dem dampfbetriebenen „Stanley Rocket Racer" erreicht er 205,44 km/h. Dieser Rekord für Dampffahrzeuge hat Bestand bis 2009.

1906 | Schwere Erdbeben in San Francisco (USA) und Valparaiso (Chile) fordern mehr als 23.000 Tote, in San Francisco werden außerdem Hunderttausende obdachlos.

1907 | Mit Blick auf die wachsende Zahl der Wagenfahrer benennt sich der DMV um in „Deutsche Motorfahrer-Vereinigung".

1907 | Im deutschen Reich werden einheitliche Kfz-Kennzeichen eingeführt.

1907 | Der Großgrundbesitzer Hugh Fortescue Locke-King lässt in Surrey (Nähe London) die erste permanente Rennstrecke der Welt bauen. Der Brooklands getaufte Kurs ist 5,2 km lang und besteht zunächst aus zwei Geraden und zwei Steilkurven. Am 17. Juni wird sie mit mehreren Pferde- und Autorennen eröffnet. Brooklands gilt als Wiege des internationalen Motorsports. 1915 siedelte sich mit Vickers das erste Unternehmen der Luftfahrtgeschichte auf dem Arial der Rennstrecke an. ▼

1907 | Der Franzose Paul Cornu entwickelt einen Vorläufer des Hubschraubers. Das „Fliegende Fahrrad" bleibt beim Erstflug 20 Sekunden lang in der Luft.

1908 | Henry Ford erfindet die Fließbandfertigung. Das erste Auto, das so gebaut wird, ist das Model T („Tin Lizzy"). ▼

1908 | William C. Durant gründet in Detroit (ZS-Bundesstaat Michigan) die Firma General Motors, deren wichtigste Marke Chevrolet wird (Übernahme 1918). ▼

1908 | Elektrische Scheinwerfer werden zum Standard.

1908 | In Sibirien findet das Tunguska-Ereignis statt. Eine wahrscheinlich durch ein Meteoriten verursachte Explosion verwüstet rund 2000 km² kaum besiedelte Tundra.

1909 | August Wilhelm Maybach – bekannt als der „König der Konstrukteure"- gründet zusammen mit Ferdinand Graf von Zeppelin in Bissingen/Enz die Luftfahrzeug-Motorenbau GmbH. Ab 1919 werden hier auch Fahrzeuge gefertigt. ▼

1909 | Der Italiener Ettore Bugatti gründet im elsässischen Molsheim – zur dieser Zeit Teil des Deutschen Kaiserreiches – seine eigene Automobilfabrik. Seine Wagen feiern bald zahlreiche Erfolge im Grand-Prix-Sport und bei den 24 Stunden von Le Mans.

1909 | Kaiser Wilhelm II. führt das System einer deutschlandweit einheitlichen Fahrerlaubnis ein. Er nennt das neue Papier „Führerschein".

1909 | Angesichts steigender Unfallzahlen wird in Deutschland ein Haftpflichtgesetz erlassen.

1909 | Im Isotta Fraschini kommt erstmals eine auf alle vier Räder wirkende Bremse zum Einsatz (davor nur Hinterachse).

1909 | Peugeot experimentiert mit einem Motor mit sechs Ventilen pro Zylinder.

1909 | Victor Hémery fährt im britischen Brooklands als Erster mit einem Verbrennungsmotor schneller als 200 km/h.

1909 | Eine vom Amerikaner Robert Edwin Peary geleitete Expedition erreicht nach eigenen Angaben den Nordpol – eine bis heute umstrittene Erstleistung.

2008

2008 | Unter dem Eindruck der Wirtschaftskrise verliert der Dollar so stark an Wert, dass die Rohölpreise für die Euro-Länder explodieren. Am 4. Juli kostet ein Liter Super-Benzin 1,60 Euro.

2008 | Im Zuge des Übernahmeversuchs durch Porsche steigt der Wert der VW-Aktie zeitweise auf mehr als 1.000 Euro. Porsche hält zeitweise 51 Prozent der VW-Aktien.

2008 | Audi präsentiert im SUV-Modell Q7 den ersten 12-Zylinder-Dieselmotor für einen Pkw. ▼

2008 | Der Dodge Viper stellt mit einem Hubraum von 8,4 Liter einen neuen Rekord für Serienfahrzeuge auf. ▼

2008 | Rolls-Royce präsentierte auf dem Genfer Autosalon das Rolls-Royce Phantom Coupé. Die Preise für dieses Luxusgefährt beginnen bei ca. 433.000 Euro. ▼

2009

2009 | Mit der so genannten Abwrackprämie hilft die Bundesregierung der Autoindustrie aus der Wirtschaftskrise. Wer ein altes Auto verschrottet, erhält bei Neukauf 2500 Euro.

2009 | Die von Porsche geplante Übernahme von Volkswagen scheitert. Stattdessen kommt es zu einer Allianz beider Konzerne – VW steigt mit einem Anteil von 49,9 Prozent bei Porsche ein.

2009 | Der indische Tata Nano ist mit einem Verkaufspreis von umgerechnet unter 2000 Euro das billigste Serienauto der Welt. ▼

2009 | Mit einem Basispreis von 1,66 Millionen Euro bildet der in einer Kleinserie von 150 Exemplaren gebaute Bugatti Veyron Roadster das andere Ende der Skala.

2010

◀ **2010 |** Der 34jährige John Elkann, Enkel des Firmengründers Gianni Agnelli, löst Luca Cordero di Montezemolo als neuer Präsident von Fiat ab. Bereits vor seinem Tod hatte Agnelli diese Nachfolgeregelung festgelegt.

2010 | In Kalifornien wird ein Bugatti Typ 57SC Atlantic (Baujahr 1936) versteigert. Angeblich wurden dabei 23 Millionen Euro erzielt – die höchste jemals bei einer Versteigerung gezahlte Summe.

2010 | In Deutschland sind mehr als 50 Millionen Fahrzeuge zugelassen.

2010 | Der 23-jährige Heppenheimer Sebastian Vettel wird jüngster Formel-1-Weltmeister der Geschichte. ▶

◀ **2010 |** Der Franzose Sébastien Loeb wird zum siebten Mal Rallye-Weltmeister. Zusammen mit seinen 63 WM-Lauf-Siegen ist er der bisher erfolgreichste Rallyefahrer in der Motorsport-Geschichte.

2011

2011 | Pkw (Benziner und Diesel), die zum ersten Mal in Deutschland zugelassen werden, müssen die Abgasnorm Euro 5 erfüllen.

2011 | Die Einführung des so genannten Biokraftstoffs E10 gestaltet sich aufgrund einer schlechten Informationspolitik von Regierung, Erdölindustrie und Autoherstellern schwierig.

2011 | Die BMW gründet eine neue Submarke für nachhaltige Mobilitätslösungen. „BMW i" steht für eine neue Art von Premium-Mobilität. Geplant ist der Start mit zwei Modellen: BMW i3 und BMW i8. ▼

◀ **2011 |** Auf der Detroit Motor Show stellt Porsche mit dem 918 RSR ein rollendes „Rennlabor" vor. Der für den Motorsport konzipierte 767 PS starke Hybrid-Renner ist allerdings nicht mit Lithium-Ionen-Akkus, sondern mit einem für Rennwagen optimierten Schwungradspeicher ausgestattet.

2008 | Nelson Mandela feiert in London seinen 90. Geburtstag mit einem großen Open-Air-Konzert im Hyde-Park.

2009 | Barrack Hussein Obama, Sohn einer Kenianerin und eines Amerikaners, wird erster US-Präsident mit afro-amerikanischen Wurzeln.

2010 | Die Explosion und der anschließende Untergang der Bohrinsel „Deepwater Horizon" im Golf von Mexiko führt zu einer der größten Ölkatastrophen der Geschichte.

2011 | Ein Erdbeben der Stärke 9,0 erschüttert Japan, gefolgt von einem verheerenden Tsunami und einer nuklearen Katastrophe.

2004	2005	2006	2007

2004 | Anfang Dezember wird das 15 Millionste Mitglied beim ADAC begrüßt.

2004 | Michael Schumacher wird zum siebten Mal Formel-1-Weltmeister, dieses Mal auf Ferrari.

2004 | Neuer Verwaltungsratsvorsitzender der Fiat Group wird Luca Cordero di Montezemolo. ▼

2004 | Mit einem Jahr Verspätung wird in Deutschland die Autobahnmaut für Lkw eingeführt.

2004 | Innerhalb der EU wird ABS zur Pflicht für neue Fahrzeugtypen.

2004 | Chrysler tritt mit dem 38.400 Euro preiswerten Crossfire Roadster gegen die deutsche Konkurrenz an. Als Basis dient der Mercedes SLK mitsamt Antrieb in Form eines 218 PS starken 3,2-Liter-6-Zylinder-Motors. ▼

▲ **2004 |** Zum Basispreis von 16.695 Euro bietet Opel seinen Roadster Tigra TwinTop an. Gefertigt wird der knapp 4 m lange Zweisitzer beim französischen Karosseriebauspezialisten Heuliez.

2005 | Erstmals wird der ADAC-Preis „Gelber Engel" in fünf Kategorien vergeben.

2005 | Bugatti stellt das Modell Veyron 16.4 vor, dessen 16-Zylindermotor mit 1001 PS eine Höchstgeschwindigkeit von 407 km/h ermöglicht. ▼

2006 | Der Sportwagen-Hersteller Porsche startet einen beispiellosen Wirtschaftscoup – er versucht, den rund 15 Mal größeren Volkswagen-Konzern zu übernehmen. Im Sommer hält Porsche bereits 25,1 Prozent der VW-Stammaktien.

2006 | Dieter Zetsche ▶ wird Nachfolger von Jürgen Schrempp als Vorstandsvorsitzender der DaimlerChrysler AG.

2006 | Die amerikanische Firma Tesla präsentiert einen ausschließlich elektrisch fahrenden Roadster (Basis Lotus), der mit 252 PS eine Höchstgeschwindigkeit von 201 km/h erreicht. ▼

◀ **2006 |** Mit dem Audi R10 feiert erstmals in der Geschichte des 24-Stunden-Rennens von Le Mans ein Fahrzeug mit Dieselmotor den Gesamtsieg.

2007 | In Deutschland wird die Umweltplakette eingeführt, die alle Fahrzeuge nach dem Ampelsystem (Rot/Gelb/Grün) in Schadstoffklassen einteilt.

2007 | BMW entwickelt eine Variante des 7er Modells, die mit Hydrogen fährt. Das erste Wasserstoff-Auto aus deutscher Produktion wird aber nur in begrenzter Stückzahl (100) zu Versuchszwecken gebaut. ▼

2007 | Die DaimlerChrysler AG wird wieder gespalten. Chrysler wird vom Investor Cerberus übernommen.

2007 | Ein deutsches Team erreicht auf dem Vulkan Ojos del Salado (Chile) mit zwei Jeep 6646 Meter – höher ist noch nie ein Auto aus eigener Kraft gekommen.

2004 | 230.000 Tote: Tsunami verwüstet weite Teile von Indien, Sri Lanka, Thailand, Malaysia und vor allem Indonesien

2005 | Nachdem er selbst für Neuwahlen geworben hat, verliert Gerhard Schröder die Bundestagswahl. Neue Kanzlerin wird als erste Frau Angela Merkel.

2006 | Sommermärchen: Die Stimmung während der Fußball-WM in Deutschland übertrifft alle Erwartungen. Italien wird zum vierten Mal Weltmeister.

2007 | Edmund Stoiber beendet seine Amtszeit als bayerischer Ministerpräsident

1910

1910 | In Mailand wird die Società Anonima Lombarda Fabbrica Automobili („Aktiengesellschaft Lombardische Automobilfabrik“) – kurz A.L.F.A. – gegründet. Das Firmenzeichen ist dominiert von zwei Symbolen des Firmensitzes Mailand: Das rote Kreuz stammt aus dem Stadtwappen und die Schlange geht auf die einflussreiche Familie Visconti zurück. ▼

1910 | August Horch gründet in Zwickau die Audi Automobilwerke. Da er nach der Trennung von seinen Geschäftspartnern aus rechtlichen Gründen seinen eigenen Namen nicht verwenden darf, nutzt er als neuen Firmennamen die lateinische Übersetzung „Audi“ – der Sohn seines Freundes Fikentscher unterbreitet die geniale Idee. ▼

1910 | Der Amerikaner Earnest E. Sirrine meldet eine Lichtzeichenanlage zur Verkehrssteuerung an, den Vorläufer der Ampel.

1911-1917

1911 | Unter den 17.000 DMV-Mitgliedern sind inzwischen 12.000 Wagenbesitzer. Die DMV beschließt daher, sich in „Allgemeiner

Deutscher Automobilclub“ (ADAC) umzubenennen. Der Club will sich künftig um das gesamte Gebiet der motorisierten Fortbewegung kümmern: Motorrad, Motorwagen, Motorboot und sogar Flugzeug und Luftschiff.

1911 | In Tokio wird die Kwaishinsha Motorcar Works gegründet, aus der 1934 Nissan hervorgeht.

1913 | Mit inzwischen 20.000 Mitgliedern ist der ADAC größter Kraftfahrerverband in Deutschland.

1913 | In den USA wird die erste Straße eröffnet, die ohne Unterbrechung von der Ost- zur Westküste führt. Der Lincoln Highway verbindet New York mit San Francisco und ist knapp 5500 km lang.

1911 | Der Morgan Three-Wheeler ist das erste Fahrzeug mit unabhängiger Vorderrad-Aufhängung. ▼

1911 | Um den Tourismus im Winter anzukurbeln, wird zum ersten Mal die Rallye Monte Carlo veranstaltet. Von den Startorten Genf, Paris, Boulogne-sur-Mer, Berlin, Wien und Brüssel gehen insgesamt 20 Teilnehmer ins Rennen.

1911 | In Indianpolis (USA) findet das erste 500-Meilen-Rennen statt. Ray Harroun (Mormon Wasp) siegt mit einem Durchschnitt von knapp 117 km/h.

1912 | Bosch entwickelt den Elektrostarter.

1913 | Ford nimmt das erste Fließband in Betrieb. Dadurch wird die Montagezeit eines Chassis von über 12 auf unter drei Stunden reduziert. Vom Model T werden bis 1927 mehr als 15 Millionen Einheiten produziert. Damit bleibt das Ford Erfolgsmodell bis 1972 das meistgebaute Automobil – ab jenem Jahr übernimmt der VW Käfer diese Spitzenposition. ▶

1914 | Die fünf Brüder Alfieri, Bindo, Carlo, Ernesto und Ettore Maserati gründen in Bologna/Italien ihre eigene Firma. Die Idee für ihr Logo – einen Dreizack – entnehmen sie dem Neptunbrunnen von Bologna. ▼

1913 | Im Alter von 55 Jahren kommt Rudolf Diesel auf ungeklärte Weise während einer Fahrt mit dem Fährschiff Dresden über den Ärmelkanal nach England ums Leben.

1913 | Die britischen Konstrukteure Lionel Martin und Robert Bamford gründen eine gemeinsame Firma, die 1914 in Aston Martin umbenannt wird.

1914 | Malcolm Lockheed erfindet die hydraulische Bremse.

1915 | Die US-Marke Cadillac verbaut erstmals serienmäßig einen V8-Motor in einem Pkw (Cadillac V8).

1915 | In den USA wird eine Ampel mit den beiden Leuchtsignalen „rot“ und „grün“ zum Patent angemeldet.

1915 | Unter dem Eindruck des 1. Weltkriegs werden in Deutschland Privatfahrten mit dem Pkw untersagt.

1916 | In den USA wird ein Patent für das Autobahnkreuz in Kleeblatt-Form erteilt.

1917 | Aus den Rapp Motoren Werken werden die Bayerischen Motorenwerke (BMW), die zunächst Flugzeugmotoren herstellen. ▼

1917 | Standard Oil of India entwickelt eine Tankstelle. Bis dahin wird der Treibstoff für Kraftfahrzeuge (meist Waschbenzin) hauptsächlich in Drogerien, Apotheken und Fahrradhandlungen verkauft.

1916 | Konkurrent Packard bietet als erster Hersteller weltweit einen V12-Motor für einen Pkw an.

1910 | Mit rund sieben Millionen Einwohnern ist die britische Metropole London die größte Stadt der Welt. Die Plätze dahinter belegen New York (ca. 4,7 Mio.) und Paris.

1911 | Der Wettlauf zwischen dem Norweger Roald Amundsen und dem Briten Robert Scott zum Südpol endet mit einem Sieg der von Amundsen geleiteten Expedition.

1912 | Auf seiner Jungfernfahrt kollidiert der Luxusdampfer „Titanic“ vor der Küste Neufundlands mit einem Eisberg. Rund 1500 Passagiere kommen ums Leben.

1914 | In Sarajevo werden der österreichisch-ungarische Thronfolger Erzherzog Franz-Ferdinand und seine Frau ermordet. Das Attentat löst den Ersten Weltkrieg aus.

1917 | Mit der Oktober-Revolution übernehmen die Bolschewisten die Macht in Russland. Ihr Anführer Lenin ruft die Sozialistische Sowjetrepublik aus.

1918 | 1919 | 1920 | 1921 | 1922

1918 | Der japanische Multikonzern Mitsubishi (u. a. Schiffbau) fertigt nun auch Automobile.

1918 | Holz als Baumaterial für Automobile ist fast völlig vom Markt verschwunden. Stattdessen wird nun durchweg Stahl verwendet.

1919 | Bei Citroën beginnt man mit der Produktion von Automobilen. In fortschrittlichen Produktionsanlagen lässt der Ingenieur und Firmengründer André Citroën

den Typ A am Fließband fertigen. Seine Firma ist damit der erste europäische Automobilhersteller, der die von Ford eingeführte Produktionsweise umsetzt. ▼

◀ **1919 |** Der Rennfahrer und Perfektionist Walter Owen Bentley gründet in Cricklewood (heute ein Stadtteil von London) seine eigene Firma. Der 31-Jährige stammt aus einer gut situierten, kinderreichen Familie und verfolgt sehr ehrgeizig sein großes Ziel, den ersten echten Sportwagen Großbritanniens zu bauen. Sein erstes selbst entwickeltes Chassis mit einem 80 PS leistenden Dreiliter-Vierzylinder wird allerdings erst 1921 ausgeliefert.

1920 | Bedingt durch den neuen Besitzer Nicola Romeo wird A.L.F.A. in Alfa Romeo umbenannt. Der neapolitanische Ingenieur hatte bereits im Jahre 1915 die Werksleitung übernommen. ▼

1920 | Der Japaner Jujiro Matsuda (gesprochen „Mazda", was auch dem Namen einer japanischen Gottheit entspricht) gründet ein Unternehmen, das sich zunächst mit der Veredelung des Rohstoffs Kork beschäftigt. Im Laufe der Jahrzehnte kommt die Produktion von Motorrädern, Lkw und ab 1960 auch Pkw hinzu.

1920 | In einem Duesenberg wird erstmals eine hydraulisch betätigte Bremse eingesetzt.

1921 | Paul Jaray, zuvor Aerodynamiker der Zeppelinwerke in Friedrichshafen, entwickelt das „Tropfenauto" mit aerodynamisch gestalteter Karosserie.

1920 | In Berlin wird die Automobil-Verkehrs- und Übungsstraße (AVUS) eröffnet. Der im Südwesten der Stadt liegende rund 19 Kilometer lange Rundkurs ist weltweit die erste Straße, die ausschließlich von Autos genutzt werden darf. Nach der Eröffnung können private Verkehrsteilnehmer für die damals stattliche Summe von zehn Mark pro Runde die Anlage nutzen.

◀ **1921 |** Einer der Stars der ersten IAA nach dem Krieg ist der Maybach W3, das erste eigene Automobil der bisher nur als Motorenhersteller tätigen Firma. Bestaunt wird auch der Rumpler-Tropfenwagen mit seiner aerodynamischen Karosserie.

1921 | Der anlässlich der Berliner Automobilausstellung präsentierte Audi Typ K ist das erste deutsche Fahrzeug mit dem Lenkrad auf der linken Seite. Die Produktion des Mittelklassewagens beginnt in darauffolgenden Jahr. Angetrieben wird der neue Audi von einem 50 PS starken Vierzylinder-Reihenmotor mit 3,6 Litern Hubraum. Bis 1925 entstehen 192 Exemplare. ▼

1922 | BMW- Hauptaktionär Camillo Castiglioni verlässt das Unternehmen und nimmt die Namensrechte mit zu den Bayerischen Flugzeugwerken (BFW), die sich in BMW umbenennen. Deren Gründungsdatum (7. März 1916) gilt heute als offizieller Beginn der BMW AG. Aus den bisherigen BMW wird später das Unternehmen Knorr-Bremse.

1922 | In Hannover eröffnet die erste deutsche Tankstelle. Benzin wird allerdings noch immer aus Kanistern getankt.

1922 | Peugeot experimentiert mit Dieselmotoren für Pkw (Modell Tartais).

1922 | Der auf dem Pariser Automobilsalon vorgestellte Lancia Lambda ist der erste Pkw mit selbsttragender Karosserie. Weitere technische Highlights sind Einzelradaufhängung und Federbeine mit hydraulischen Stoßdämpfern. Bis die Produktion im Jahre 1931 ausläuft werden rund zehntausend Exemplare dieses innovativen Fahrzeugs hergestellt. ▼

1918 | Wilhelm II., der letzte deutsche Kaiser, dankt ab. Wenig später wird der Erste Weltkrieg beendet. Er hat über neun Millionen Menschen das Leben gekostet.

1919 | Mit der Wahl – zum ersten Mal dürfen auch Frauen teilnehmen – zur Nationalversammlung beginnt die Weimarer Republik. Friedrich Ebert wird Reichspräsident.

1920 | Ein Erdbeben mit Zentrum in der Nähe der chinesischen Stadt Haiyuan fordert rund 200.000 Menschenleben.

1921 | Der Mitteldeutsche Aufstand („Märzkämpfe") endet mit einer Niederlage der linksradikalen Bewegung. Adolf Hitler wird Vorsitzender der NSDAP.

1922 | Der britische Ägyptologe Howard Carter entdeckt das Grab von Tutanchamun. Mysteriöse Todesfälle in seinem Team begründen den „Fluch des Pharao".

1999	2000	2001	2002	2003

1999 | In New York wird das letzte der legendären Checker-Taxis außer Dienst gestellt. Es wird kurz danach für rund 135.000 Dollar versteigert.

2000 | Peugeot führt den Diesel-Partikelfilter ein.

2000 | DaimlerChrysler belebt die Marke Maybach neu. ▼

2000 | In Norwegen wird mit dem 24,5 km langen Lærdalstunnel der längste Straßentunnel der Erde eröffnet.

2000 | Ab diesem Jahr tritt in der EU ein Verkaufsverbot von verbleitem Ottokraftstoff in Kraft.

2000 | Mit einer Höhe von nur 112 Zentimetern ist der Lotus Elise das niedrigste Serienauto der Welt.

2000 | Mit neuem Reglement feiert die Deutsche Tourenwagen-Meisterschaft (DTM) ein Comeback. Engagierte Hersteller sind Audi, Mercedes und Opel. ▼

2001 | Aufgrund der Benzinpreisentwicklung steigt der Anteil von dieselangetriebenen Kraftfahrzeugen in Deutschland erstmals auf über 30 Prozent.

2001 | Der erste Mini, der unter der Regie von BMW entwickelt wurde, erscheint. ▼

2001 | Die Deutsche Jutta Kleinschmidt (Mitsubishi) gewinnt als bisher einzige Frau die Rallye Dakar. ▼

2002 | Honda zeigt den ersten Serien-Pkw, der ausschließlich für den Brennstoffzellen-Antrieb konstruiert worden ist. Der FCX wird fast ausschließlich von Behörden in Japan und den USA eingesetzt.

2002 | Der VW Golf löst ▶ den Käfer als meistproduziertes Auto der Welt ab.

2002 | Anlässlich der 42. Hauptversammlung stellt VW das sparsamste Auto der Welt vor: das 1-Liter-Auto. Der 120 km/h schnelle Prototyp mit einem c_W-Wert von 0,159 wird von einem 8,5 PS starken 300-ccm-Einzylinderdiesel angetrieben. ▼

2002 | Der Maybach 62 ist mit 6,20 Meter nicht nur eines der längsten, sondern mit einem Leergewicht von 2.855 kg auch das schwerste Serienauto der Welt. ▼

2003 | Der ADAC feiert seinen 100. Geburtstag.

2003 | Im Volkswagen-Werk Puebla/Mexiko läuft der definitiv letzte Käfer vom Band. Rund 22 Millionen Stück sind seit 1938 gebaut worden. ▼

◀ **2003 |** Ein Bentley Speed 8 mit dem Fahrertrio Capello/Kristensen/Smith gewinnt die 24 h von Le Mans.

1999 | Spendenaffäre bei der CDU: Der Vorwurf lautet, dass unter dem ehemaligen Bundeskanzler Helmut Kohl schwarze Kassen geführt wurden.

2000 | In Hannover eröffnet Bundespräsident Rau die „EXPO 2000“. Motto der Weltausstellung: „Mensch – Natur – Technik“.

2001 | 11.September: Terroristen steuern zwei Flugzeuge gezielt in das World Trade Center in New York, ein weiteres in das Pentagon in Washington.

2002 | Am 1. Januar startet der Euro in 18 Ländern als offizielles Zahlungsmittel. Der Umrechnungskurs von 1 Euro beträgt 1,95583 DM

2003 | Amerikanische Einheiten nehmen Iraks gestürzten Präsidenten Saddam Hussein in Gewahrsam.

1995	1996	1997	1998

Personen, Unternehmen & Ereignisse

1995 | Die Diskussion über Ozon und die gesundheitlichen und klimatischen Risiken führt zu Überlegungen über Fahrverbote.

1996 | Große europäische Automobilclubs – darunter der ADAC – gründen die Organisation Euro NCAP (European New Car Assessment Programme), die ab 1997 neutrale Crashtests durchführt und dabei Fahrzeuge mit bis zu fünf Sternen bewertet. ▼

1997 | Luca Cordero di Montezemolo wird Vorstandsvorsitzender von Maserati. Gleichzeitig bleibt er Verwaltungsratsvorsitzender bei Ferrari.

1997 | Erstes Fahrzeug mit Hybridantrieb (Toyota Prius) ▼

1998 | In der Bundesrepublik wird die Grenze für Blutalkohol auf 0,5 Promille gesenkt.

1998 | Daimler-Benz und Chrysler fusionieren zur DaimlerChrysler AG.

1998 | Volkswagen übernimmt Bentley, die Volkswagen-Tochter Audi übernimmt Lamborghini. Zusammen mit Bentley hatte Volkswagen eigentlich auch den Mutterkonzern Rolls-Royce übernommen. Aber es kommt zum Streit mit BMW, da die Markenrechte an Rolls-Royce bei dem Münchener Konzern liegen.

Fahrzeuge & Technik

1995 | Die Mercedes S-Klasse (W140) ist das erste Fahrzeug mit serienmäßigem Elektronischen Stabilitätsprogramm (ESP). ▼

◀ **1996 |** General Motors beginnt mit der Produktion des EV1, des ersten serienmäßig gefertigten Elektroautos. 800 Exemplare werden an ausgewählte Kunden – darunter Schauspieler Tom Hanks – verliehen.

1996 | Die Umweltschutzorganisation Greenpeace erreicht mit einem umgebauten Renault Twingo einen Verbrauch von weniger als drei Liter auf 100 km.

1996 | Der Octavia ist die erste Skoda-Baureihe, die als vollständig neue Entwicklung unter dem Dach des VW Konzerns entsteht.

1996 | Bei Porsche beginnt die Serienfertigung des Boxster, der mit einem Grundpreis von ca. 76.000 DM neue Kunden begeistern soll. Der Mittelmotorsportwagen mit der werksinternen Bezeichnung 986 wird angetrieben von einem 204 PS starken 2,5-Liter-Sechszylinder-Motor. Als Urahne gilt der Porsche Spyder 550 von 1955. ▼

1997 | Bosch und Fiat zeigen die Diesel-Direkteinspritzung nach dem Common-Rail-Prinzip.

1997 | Mitsubishi führt die Benzin-Direkteinspritzung in Serien-Pkw ein (Modell Galant).

1997 | Fast 10 Jahre nachdem die Produktion des Käfer eingestellt wurde, läuft bei Volkswagen der New Beetle vom Band. Das Konzept des Retro-Käfers entsteht Anfang der 1990er Jahre im VW eigenen Advanced Design Centre in Simi Valley, Kalifornien. ▼

1998 | VW führt die Diesel-Direkteinspritzung nach dem Pumpe-Düse-Prinzip ein.

1998 | Uhren-Fabrikant ▶ Nicolas Hayek (Swatch) realisiert zusammen mit Daimler-Benz seine Idee eines Kleinstwagens. Er wird auf den Namen Smart getauft.

1998 | Bei Audi ergänzt ▶ ein neuer Sportwagen die Modellpalette: der TT. Wie bereits der New Beetle, so entstand auch der TT im Audi Volkswagen Advanced Design Centre im kalifornischen Simi Valley. Das Sportcoupé wird mit einem 1,8-Liter-Turbomotor angeboten, mit wahlweise 180 oder 225 PS. Die Roadster-Version erscheint ein Jahr später.

Motorsport & Rekorde

1995 | Der Kanadier Jacques Villeneuve, Sohn des berühmten Ferrari-Formel-1-Piloten Gilles Villeneuve, gewinnt die 500 Meilen von Indianapolis

1997 | Der Brite Andy Green erreicht mit dem Raketenfahrzeug „Thrust SSC" in Nevada 1227 km/h und ist damit als erster Autofahrer schneller als der Schall.

1998 | Porsche erringt ▶ mit dem 911 GT1 den 16. Gesamtsieg beim Langstreckenklassiker in Le Mans. Am Steuer sitzen Laurent Aiello, Allan McNish und Stéphane Ortelli.

Zeitgeschehen

1995 | Verpackungsaktion: Christo und Jeanne-Claude verhüllen für 14 Tage den Berliner Reichstag

1996 | Bill Clinton wird als Präsident der Vereinigten Staaten wiedergewählt

1997 | Jan Ullrich gewinnt als erster Deutscher die „Tour de France". Mit 23 Jahren ist er zudem der jüngste Sieger dieses Radrennens.

1998 | Bundestagswahl in Deutschland: Gerhard Schröder (SPD) löst Helmut Kohl (CDU) nach 16 Jahren als Bundeskanzler ab.

1923

1923 | In Italien wird die weltweit erste Überlandstraße eröffnet, die ausschließlich von Autos befahren werden darf. Sie führt von Mailand nach Como. Der Begriff „Autobahn“ für derartige Straßen wird aber erst 1932 zum ersten Mal erwähnt.

1923 | Erster Lkw mit Dieselmotor (u. a. von Benz, MAN und Daimler), die damit die ersten Straßenfahrzeuge mit dieser Antriebstechnik sind.

1923 | Die Verbundglas-Windschutzscheibe wird erfunden.

1923 | Paul Daimler lädt als Erster einen Rennmotor mit einem Roots-Gebläse auf.

1923 | In Le Mans (Frankreich) wird das erste 24-Stunden-Rennen durchgeführt. Es gewinnen André Lagache und Réné Léonard auf einem Chenard-et-Walcker mit einer zurückgelegten Gesamtdistanz von 2209,536 km. In den ersten Jahren dürfen nur die Fahrer selbst Reparaturen mit Bordwerkzeug durchführen. Das Langstreckenrennen soll den Automobilherstellern Möglichkeit geben, die Zuverlässigkeit und den Entwicklungsstand ihrer Fahrzeuge unter Beweis zu stellen.

1923 | Rasende Inflation in Deutschland: Im November kostet ein Kilogramm Brot 233 Milliarden Papiermark.

1924

1924 | In Essen wird das erste deutsche Parkhaus eröffnet.

1924 | Opel führt als erste deutsche Firma die Fließbandfertigung ein. Das erste nach dieser modernen Methode gefertigte Modell ist der Opel 4/12 PS, der vom ▼ Volksmund wegen seiner Größe und Farbe „Laubfrosch“ genannt wird. Der Ein-Liter-Motor sorgt für eine Höchstgeschwindigkeit von 60 km/h. Vergleichsweise günstige 4500 Rentenmark kostet der „Volkswagen“ bei seiner Einführung, obwohl der Kaufpreis immer noch dem Gegenwert eines Eigenheimes entspricht. Technisch weist der Laubfrosch sehr große Ähnlichkeiten mit dem 5 CV aus dem Hause Citroën auf, wo man das Modell in Zitronengelb mit anderem Kühlergrill zuerst anbietet.

1924 | Im Duisburger Wedaustadion findet das erste Spiel einer deutschen Fußballnationalmannschaft in Deutschland statt. Italien gewinnt 1:0.

1925

1925 | Die erste Ausgabe der Clubzeitschrift „ADAC motorwelt“ erscheint. ▼

1925 | In Berlin wird die Ford-Werke AG gegründet, die 1930 an den heutigen Sitz in Köln umzieht.

1925 | In Auburn (US-Bundesstaat Michigan) wird die Chrysler Motor Corporation gegründet. Firmengründer und ehemaliger Präsident von Buick Walter Percy Chrysler hat bereits im Jahr zuvor den Chrysler Six vorgestellt, dessen außergewöhnlich günstiger Preis von 1335 Dollar für einen schnellen Erfolg des jungen Unternehmens sorgt.

1925 | Alfa Romeo gewinnt mit dem Piloten Antonio Ascari die erste jemals ausgerichtete Automobil-Weltmeisterschaft. ▶

1925 | Der Tod Friedrich Eberts erfordert eine vorgezogene Reichspräsidentenwahl. In zweiten Wahlgang setzt sich der Monarchist Paul von Hindenburg durch.

1926

1926 | In Hamburg eröffnet die erste deutsche Tankstelle, an der Benzin aus einer Zapfsäule getankt werden kann.

1926 | Benz & Cie. und die Daimler Motoren-Gesellschaft fusionieren zur Daimler-Benz AG.

1926 | An deutschen Tankstellen werden Kraftstoffverkäufe ab jetzt in Litern gemessen und nicht mehr in Kilogramm.

1926 | Bosch patentiert einen elektrisch betätigten Scheibenwischer.

◀ **1926 |** Auf der Berliner AVUS findet der erste Große Preis von Deutschland statt. Rudolf Caracciola (Mercedes) siegt.

1926 | Deutschland wird in den Völkerbund aufgenommen, dem Vorläufer der Vereinigten Nationen. Außenminister Gustav Stresemann erhält den Friedensnobelpreis.

1927

1927 | In der „Konvention von Paris“ verpflichten sich die Länder Europas – außer Großbritannien –, einheitlich auf Rechtsverkehr umzustellen.

◀ **1927 |** Der Verkaufschef des schwedischen Kugellagerherstellers SKF Assar Gabrielsson gründet zusammen mit Gustaf Larson die Firma Volvo (vom lateinischen volvo: „ich rolle“). Keimzelle des neuen Unternehmens ist die ehemalige SKF-Versuchsabteilung, in der Versuchsfahrzeuge zur Entwicklung und Erprobung von Kugel- und Wälzlagern gefertigt werden. SKF bleibt noch bis 1935 Anteilseigner bei Volvo.

1927 | Francis W. Davis patentiert in den USA eine hydraulisch unterstützte Servolenkung.

◀ **1927 |** Nach zwei Jahren Bauzeit ist der Nürburgring als „Gebirgs-, Renn- und Prüfungsstrecke“ fertig gestellt. Er ist 28 km lang. Er wird am 18./19. Juni mit dem ersten Eifelrennen offiziell eröffnet.

1927 | In Italien wird zum ersten Mal das Straßenrennen Mille Miglia („1000 Meilen“) durchgeführt. Sieger Ferdinando Minoia fährt auf einem O.M. mit einem Schnitt von 77 km/h nonstop von Brescia nach Rom und zurück.

1927 | Dem amerikanischen Flugpionier Charles Lindbergh gelingt als Erstem der Alleinflug über den Atlantik. Er fliegt in knapp 34 Stunden von New York nach Paris.

1928	1929	1930	1931

Personen, Unternehmen & Ereignisse

1928 | BMW übernimmt die Fahrzeugfabrik Eisenach (Marke Dixi) und wird so zum Automobilhersteller. Das erste Modell erscheint 1929 und ist ein Lizenzbau des britischen Austin Seven. ▶

1928 | Der ADAC gründet einen Straßenhilfsdienst. Den Anfang machen 34 Motorrad-Beiwagen-Maschinen der Marke D-Rad, später im Jahr wird die Motorradflotte um 9 Autos ergänzt: 7 Hanomag Komissbrot und 2 Dixi.

1929 | Der US-amerikanische Motorenbauer Cummins experimentiert mit einem Diesel-Triebwerk in einer Packard-Limousine.

1929 | Am 4. April stirbt Carl Benz im Alter von 84 Jahren in Folge einer Bronchitis. Bis zu seine Tod war er Aufsichtsratmitglied der Daimler-Benz AG.

1929 | Der amerikanischer Hersteller General Motors übernimmt Opel.

1930 | In Köln wird der Grundstein für das deutsche Ford-Werk durch Henry Ford persönlich gelegt. ▼

1930 | „Telefonierung der Landstraße“: Der ADAC lässt entlang der Strecke München-Garmisch 15 Telefonhäuschen errichten – die Vorläufer der heutigen Notrufsäulen. ▼

1931 | Ferdinand Porsche macht sich in Stuttgart mit einem Konstruktionsbüro selbständig, aus dem im Laufe der Zeit der Sportwagenhersteller hervorgeht. ▼

Fahrzeuge & Technik

1928 | Alfa Romeo verwendet im Modell 6C Sport erstmals serienmäßig zwei obenliegende Nockenwellen (DOHC). ▶

1929 | In Berlin überrascht der deutsche Oberingenieur, Konstrukteur, Hubschrauberpionier und Erfinder Engelbert Zaschka mit einem dreirädrigem Kleinstwagen. Der mit Stoff bezogene Rahmen des „Threewheelers“ lässt sich innerhalb von rund 20 Minuten zerlegen. Ein Einzylindermotor ermöglicht 50 km/h.

1929 | Der Amerikaner Paul Gavin erfindet das Autorad o. Er nennt es „Motorola“ (etwa „rollendes Radio“).

1929 | Der amerikanische Cord L-29 ist der erste Serien-Pkw mit Frontantrieb.

1929 | Der Maybach Zeppelin ist der erste deutsche Pkw mit V12-Motor. ▼

1931 | Der DKW F1 ist das erste europäische Serienfahrzeug mit Frontantrieb. ▼

1931 | Porsche erhält ein Patent auf die Drehstabfederung.

Motorsport & Rekorde

1928 | Ein Ford Model A fährt innerhalb von 100 Tagen 100.000 km auf der Kreisstrecke Berlin-Leipzig-München-Stuttgart-Frankfurt-Hamburg-Berlin.

1928 | Auf der Berliner AVUS erreicht Fritz von Opel mit dem raketenangetriebenen RAK2 eine Höchstgeschwindigkeit von 228 km/h. ▼

1929 | In den Straßen von Monte Carlo findet der erste Große Preis von Monaco statt.

1928 | Der britische Bakteriologe Alexander Fleming entdeckt durch Zufall das Antibiotikum Penicillin, das völlig neue Behandlungsmethoden ermöglicht.

1929 | Am „Schwarzen Freitag“ bricht die New Yorker Börse zusammen. Andere Börsen folgen, eine schwere Weltwirtschaftskrise beginnt.

1930 | Der indische Rechtsanwalt Mohandas „Mahatma“ Gandhi beginnt mit dem „Salzmarsch“ seinen Kampf für die Unabhängigkeit seiner Heimat von Großbritannien.

1931 | Die Wirtschaftskrise – und die damit verbundene Bankenkrise – erreicht in Deutschland ihren Höhepunkt. Rund sechs Millionen Menschen sind arbeitslos.

1990	1991	1992	1993	1994

1990 | Am 3. Oktober, dem Tag der Deutschen Einheit, vereinigen sich der am 9. März 1990 gegründete ADAC Ost und ADAC West zu einem Club. Dieser hat jetzt mehr als zehn Millionen Mitglieder.

1990 | Die ersten Katalysatoren für Dieselmotoren sind serienreif. Sie arbeiten anders als bei Benzinern, haben aber den selben Effekt: Sie wandeln die schädlichen Stickoxide im Abgas um.

1990 | Auf einem McLaren MP4/5B Honda 3.5 V10 gewinnt der Brasilianer Ayrton Senna zum zweiten Mal die Formel-1-Weltmeisterschaft. ▼

1991 | Die Produktion des Trabant wird eingestellt. Über 3 Millionen Stück sind gebaut worden. ▼

◄ **1991 |** Luca Cordero di Montezemolo übernimmt den Sitz als Verwaltungsratsvorsitzender bei Ferrari. Der Sportwagenhersteller ist nach dem Tod des Firmengründers 1988 in wirtschaftliche Schwierigkeiten geraten.

1991 | Volkswagen übernimmt Skoda

1991 | Die dritte Generation des VW Golf geht an den Start und löst nach fast neun Jahren das Vorgängermodell Golf II ab. Der neue aus Wolfsburg glänzt mit einigen bemerkenswerten technischen Highlights wie Sechszylinder- und TDI-Motor. Bis am 22. Dezember 1997 in Wolfsburg das letzte Exemplar der Baureihe vom Band läuft, werden über 4,8 Millionen Golf III produziert. ►

1991 | Im BMW 7er kommt zum ersten Mal eine besonders effektive Lichttechnik zum Einsatz (zunächst nur als Abblendlicht). Das sogenannte Xenon-Licht erzeugt Helligkeit durch Gasentladung

1992 | Der Nissan Micra wird als erstes Fahrzeug japanischer Produktion in Deutschland zum „Auto des Jahres“ gewählt.

1992 | Aus den USA kommt seit langem mal wieder ein echtes „Musclecar“ nach Deutschland. Die Dodge Viper hat einen 400 PS starken V10-Motor.

1992 | Alfa feiert auf dem Genfer Autosalon die Premiere des Alfa Romeo RZ (Roadster Zagato), die 140.000,- DM teure, offene Version des drei Jahre zuvor eingeführten SZ. Mit beiden Modellen lassen Alfa Romeo und die Carrozzeria Zagato die traditionsreiche Vergangenheit wieder aufleben. ▼

◄ **1993 |** Alfa Romeo baut als erster Hersteller einen reinrassigen Klasse-1-Tourenwagen und sichert sich in der populären DTM auf Anhieb im Debüt-Jahr den Titel: Der ehemalige Formel-1-Fahrer Nicola Larini wird auf einem Alfa Romeo 155 V6 TI Meister.

1993 | Die ASU wird durch die Abgas-Untersuchung (AU) ersetzt, der sich nun auch Fahrzeuge mit Dieselmotor unterziehen müssen.

1993 | Kia ist die zweite südkoreanische Marke auf dem deutschen Markt. Der Start mit der Stufenhecklimousine Sephia gestaltet sich schleppend.

1993 | Unter Ford-Regie besinnt sich Aston Martin auf seine eigene Historie. Das Modell DB7 trägt erstmals wieder die Initialen des Firmengründers David Brown im Namen.

1994 | BMW kauft die Marke Mini.

1994 | BMW bietet als erster deutscher Hersteller ein alltagstaugliches Navigationssystem („Carin“) an.

1994 | Volvo verbaut als erster Hersteller serienmäßig Seiten-Airbags (Modell 850). ►

1994 | Citroën bietet im Modell Xantia ein aktives Fahrwerk an, das auf variablen Stabilisatoren beruht. ▼

1994 | Beim Großen Preis von San Marino in Imola kommt Formel-1-Superstar Ayrton Senna ums Leben. Michael Schumacher (Benetton) wird zum ersten Mal Weltmeister. Er ist der erste Deutsche, der diesen Titel holt. ▼

1990 | Deutschland wird in Italien Fußballweltmeister. Gegen den amtierenden Weltmeister Argentinien gelingt der deutschen Elf im Finale ein 1:0.

1991 | Der Regierungsumzug von Bonn nach Berlin wird beschlossen. Einige Ministerien bleiben jedoch in Bonn.

1992 | Am 3. November wird Bill Clinton zum 42. Präsidenten der USA gewählt.
Das Zeppelin Museum in Friedrichshafen wird eröffnet.

1993 | Ein Bombenanschlag auf das World Trade Center in New York City kostet sechs Menschen das Leben und über 1000 Menschen werden verletzt.

1994 | Der Untergang der Fähre „Estonia“ auf der Fahrt nach Stockholm ist die bis dahin größte zivile Schifffahrtskatastrophe nach Ende des Zweiten Weltkrieges.

1985

1985 | In Deutschland wird die Abgas-Sonderuntersuchung (ASU) für Pkw mit Benzinmotoren eingeführt.

1985 | Aus der Firma Audi NSU Auto Union wird Audi mit Firmensitz in Ingolstadt.

1985 | Volkswagen bietet den Käfer offiziell nicht mehr in Deutschland an.

1985 | Rund neun Monate dauert ein Großversuch auf deutschen Autobahnen unter dem Motto „Freiwillig Tempo 100". Allerdings folgen nur wenige Autofahrer diesem Aufruf.

1985 | Der Ford Scorpio ist das erste deutsche Fahrzeug mit serienmäßigem ABS. ▼

1985 | Porsche bietet als erster Hersteller einen Airbag auch für den Beifahrer an (Modell 944).

◀ **1985 |** 15 Jahre nach Einstellung der Produktion des 1600-2 Cabrios präsentiert BMW auf der IAA endlich wieder eine offene Variante: Auf Basis des 3er (Baureihe E30) füllt der 325i die Lücke im Modellprogramm der Münchner und belebt damit auch wieder den Cabrio-Markt in Deutschland.

1985 | Innerhalb von nur vier Wochen verlieren zwei deutsche Formel-1-Piloten bei Sportwagen-Rennen ihr Leben: In Toronto/Kanada stirbt Manfred Winkelhock, im belgischen Spa-Francorchamps verunglückt Stefan Bellof tödlich.

1985 | Als jüngster Sieger aller Zeiten und als erster Deutscher gewinnt Boris Becker das Tennis Grand Slam-Turnier in Wimbledon.

1986

1986 | Als erstes europäisches Land führt die Schweiz die Katalysatorpflicht für Neufahrzeuge ein.

1986 | Volkswagen übernimmt Seat.

1986 | Alfa Romeo wird Teil des Fiat-Konzerns. Letzter „echter" Alfa Romeo ist der Typ 75, der noch nach dem klassischen Transaxle-Konzept (Motor vorne, Getriebe an der Hinterachse) gebaut ist.

1986 | Porsche präsentiert mit dem 959 einen „Gruppe B"-Rennwagen für den Motorsport, der noch im selben Jahr bei der legendären Langstrecken-Rallye Paris – Dakar einen Doppelsieg für das Werk einfährt. Der „Über-911" wird in einer limitierten Sonderserie von 292 Stück auch mit Straßenzulassung verkauft. Mit seinem über 400 PS starken 2,9-Liter-Schszylindertriebwerk gilt der Allradler bei seinem Erscheinen als das schnellste straßenzugelassene Serienfahrzeug der Welt, gleichzeitig ist es das erste dieser Kategorie mit zwei Turboladern. ▶

1986 | In den USA wird bei Neuwagen zusätzlich zu den zwei nach hinten strahlenden roten Bremsleuchten eine dritte Bremsleuchte Pflicht. In der EU wird erst 12 Jahre später eine entsprechende Regelung verpflichtend eingeführt.

1986 | Der Honda Prelude hat als erstes Auto serienmäßig eine mitlenkende Hinterachse.

1986 | Zum ersten Mal startet die Formel 1 hinter dem „Eisernen Vorhang". Der Große Preis von Ungarn endet mit dem Sieg von Nelson Piquet.

1986 | In Tschernobyl ereignet sich die bis dahin größte Katastrophe seit der zivilen Nutzung der Kernenergie.

1987

1987 | Der ADAC Straßendienst wird eingeführt: Private Firmen leisten im Auftrag des ADAC zusätzlich zu den Gelben Engeln kostenlose Pannenhilfe. Mit dem Helikopter „Christoph 31" ist die Luftrettung jetzt flächendeckend gesichert. ▼

1987 | Mit einer Triebwerkstransplantation versucht Lancia, den *Thema* in der Oberklasse zu etablieren. Das Modell 8.32 erhält den 215 PS starken V8 aus dem Ferrari 308.

1987 | Anlässlich des 40-jährigen Jubiläums der Marke lässt Enzo Ferrari den bis dahin schnellsten und stärksten Ferrari für den Straßeneinsatz entwickeln: den F40. Zugleich ist der 500.000 Mark teuere F40 das letzte Modell, das unter der Regie von Il Commendatore entwickelt wird. Aufgrund der hohen Nachfrage werden statt der geplanten 450 Exemplare bis Produktionsende 1992 insgesamt 1315 Fahrzeuge gebaut. ▼

1987 | Durch ein Versehen sendet die ARD am 31. Dezember 1986 die Neujahrsansprache des Bundeskanzlers Helmut Kohl vom Vorjahr.

1988

1988 | Der Gründer des gleichnamigen Sport- und Rennwagenherstellers Enzo Anselmo Ferrari stirbt im Alter von 90 Jahren. ▼

1988 | In Essen findet die erste Techno Classica als Fachmesse für Oldtimer statt.

1988 | Fiat baut im Croma den ersten Dieselmotor mit Direkteinspritzung ein. ▼

1988 | Der russische Vaz 513 ist das erste Fahrzeug mit Dreischeiben-Wankelmotor.

1988 | Am 28. August stürzt bei einer Flugshow in Ramstein ein Kampfflugzeug mitten in die Zuschauermenge. 70 Menschen kommen ums Leben.

1989

1989 | Deutschland beginnt mit der Einführung von Katalysatoren. Für Neufahrzeuge ist der Abgas-Entgifter bereits vorgeschrieben. Auch bleifreies Benzin ist inzwischen bundesweit erhältlich.

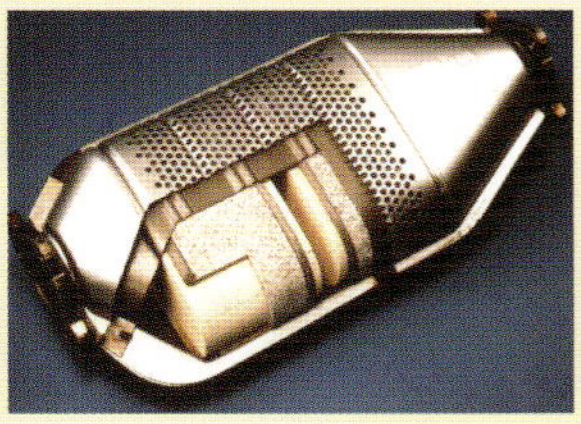

1989 | Mit der Marke Lexus führt Toyota zunächst im US-amerikanischen Markt seine neue Premium-Marke ein. Bereits im darauffolgenden Jahr beginnt der Vertrieb in Europa. Erstes Modell ist der LS 400. ▶

1989 | Ford übernimmt den britischen Traditionshersteller Jaguar.

1989 | Zum letzten Mal findet die Internationale Automobilausstellung (IAA) gemeinsam für Pkw und Nutzfahrzeuge statt. In Zukunft gibt es jährlich alternierende Messen für Pkw (Frankfurt) und Nutzfahrzeuge (Hannover).

1989 | Sauber-Mercedes gewinnt die Sportwagen-Weltmeisterschaft und verteidigt den Titel 1990 erfolgreich. ▶

1989 | Nachdem immer mehr Menschen aus der DDR fliehen, kapituliert die DDR-Regierung am 9. November. In Berlin fällt die Mauer.

1932	1933	1934	1935	1936

1932 | Die zuvor eigenständigen Firmen Audi, DKW, Horch und Wanderer werden zur Auto Union zusammen geschlossen. Firmensitz wird Chemnitz, neues Markenlogo sind vier ineinander geschlungene Ringe, heute noch von Audi verwendet. Die Marken behalten weitgehend ihre Eigenständigkeit, lediglich die Grand-Prix-Wagen tragen den alleinigen Namen Auto Union. ▼

AUTO UNION

1932 | Zum ersten Mal wird der Begriff „Autobahn" verwendet, bis dahin war von Nur-Autostraßen die Rede.

1932 | Blaupunkt bietet in Europa erstmals Autoradios an.

1932 | Riley versieht das Modell Kestrel mit der ersten Vollaluminium-Karosserie der Geschichte. Die vergleichsweise leichten Fahrzeuge des britischen Herstellers erzielen zahlreiche Klassensiege bei Sportwagenrennen.

1932 | In den Niederlanden wird der Damm fertiggestellt, der die Zuiderzee von der offenen Nordsee abtrennt.

1933 | Felix Wankel meldet einen Drehkolbenmotor (DKM 32) zum Patent an. Er wird nur als Kompressor eingesetzt. ▼

1933 | Alle deutschen Kraftfahrerclubs müssen ihre Arbeit dem nationalsozialistischen Kraftfahrerkorps NSKK unterstellen, der Einheitsclub mit dem Namen DDAC (Der Deutsche Automobilclub) wird aus der Taufe gehoben.

1933 | Der Diagonalreifen wird entwickelt.

1933 | Monroe erfindet den Teleskop-Stoßdämpfer.

1933 | Der Citroën Rosalie ist der erste europäische Pkw, in den ein Dieselmotor eingebaut wird. Das Triebwerk stammt vom englischen Ingenieur Harry Ricardo. Aufgrund finanzieller Schwierigkeiten geht das Modell jedoch nicht in Serie. ▼

1933 | Zum ersten Mal wird das Straßenrennen „2000 km durch Deutschland" durchgeführt. Am Start stehen 650 Automobile und 1088 Motorräder.

1933 | Machtergreifung: Am 30. Januar wird Adolf Hitler zum Reichskanzler ernannt.

1934 | Die Steyr-Werke fusionieren mit der Austro-Daimler-Puch-Werke AG zur Steyr-Daimler-Puch AG.

1934 | Der tschechische Hersteller Tatra verwendet im Stromlinienmodell 77 einen luftgekühlten V8-Zylinder als Heckmotor.

1934 | Der Citroën 11CV ist das erste Auto mit Ganzstahlkarosserie. ▼

▲ **1934 |** Peugeot erfindet für das Cabrioletmodell Eclipse das versenkbare Blechdach.

1934 | Die deutschen Firmen Auto Union und Mercedes-Benz beginnen einen beispiellosen Wettlauf um Geschwindigkeitsrekorde. Die ersten Bestmarken setzt Hans Stuck (Auto Union) auf der Berliner AVUS.

1934 | In Deutschland findet die erste Fernsehübertragung statt. Die Comicserie Flash Gordon startet in US-Zeitungen.

1935 | In den USA wird eine Parkuhr mit Münzeinwurf patentiert.

1935 | In den Alpen wird am Großglockner die erste Hochalpenstraße eingeweiht.

1935 | Am 3. Juli stirbt André Gustave Citroën in Folge eines bösartigen Tumors in Paris. Kurz zuvor muss er seine Firma verlassen, die nach wirtschaftlichen Schwierigkeiten von Michelin übernommen wird.

1935 | Cord verwendet im Modell 810 erstmals Klappscheinwerfer.

1935 | Der Opel Olympia ist das erste deutsche Serienauto mit selbsttragender Stahlkarosserie. ▼

1935 | Auf dem Salzsee von Bonneville (US-Bundesstaat Utah) stellt der Brite George E. T. Eyston einen neuen 24-Stunden-Rekord auf. Angetrieben von einem V12-Triebwerk von Rolls-Royce erreicht er einen Durchschnitt von 226 km/h.

1935 | In Richmond (USA) präsentiert die amerikanische Brauerei Schlitz die erste Getränkedose.

1936 | Das Schkeuditzer Kreuz (Nähe Leipzig) wird als erstes Autobahnkreuz in Europa dem Verkehr übergeben.

1936 | Das Modell Phantom ist der erste Serien-Rolls-Royce mit V12-Zylinder-Motor.

1936 | Der Mercedes 260D ist der weltweit erste Diesel-Pkw, der auch tatsächlich in Serie gebaut wird, bis 1937 allerdings nur als Taxi. Hanomag entwickelt und präsentiert parallel das Modell Rekord, ebenfalls mit Dieselmotor. Die Serienproduktion beginnt jedoch erst 1937. ▼

1936 | Das 24-Stunden-Rennen von Le Mans muss abgesagt werden, weil aufgrund eines Streiks weder Bauarbeiter für die Vorbereitung der Strecke noch Offizielle zur Durchführung der Veranstaltung zur Verfügung stehen.

1936 | 49 Nationen mit insgesamt 3961 Athleten nehmen an den XI. Olympischen Sommerspielen in Berlin teil.

1937

1938-1946

1937 | Die zuvor auf Webmaschinen spezialisierte Firma Toyota hat die Produktion von Automobilen begonnen und gründet dazu die Toyota Motor Corporation.

1937 | In Linköping wird die Svenska Aeroplan Aktiebolaget – abgekürzt SAAB – gegründet. Das Unternehmen produziert zunächst Flugzeuge, ab 1947 auch Autos.

1937 | In Deutschland regelt ab sofort die „Verordnung über die Zulassung von Personen und Fahrzeugen zum Straßenverkehr" – später Straßenverkehrszulassungsordnung StVZO – die Genehmigung von neuen Fahrzeugen.

1937 | George E.T. Eyston knackt auf dem Salzsee von Bonneville (US-Bundesstaat Utah) die 500 km/h-Marke. Sein aerodynamisch verkleidetes Fahrzeug „Thunderbolt" wird von zwei Rolls-Royce 12-Zylinder-V-Motoren angetrieben.

1938 | In Deutschland wird der Technische Überwachungsverein (TÜV) gegründet.

1938 | Die ersten Prototypen des hauptsächlich von Ferdinand Porsche entwickelten „Kraft durch Freude"-Wagens fahren. In der Nähe der niedersächsischen Gemeinde Fallersleben wird das Volkswagenwerk zur Produktion des „Kraft-durch-Freude-Wagens" errichtet. Der Zweite Weltkrieg verhindert allerdings die Serienproduktion. ▼

1938 | Bei einem Rekordversuch auf der Reichsautobahn Frankfurt–Darmstadt bei Mörfelden-Walldorf) verunglückt der populäre Grand-Prix-Star Bernd Rosemeyer tödlich. Der Auto Union Typ R (Rekordwagen) des 28-Jährigen aus dem niedersächsischen Lingen, der mit der Fliegerin Elly Beinhorn verheiratet ist, wird bei über 400 km/h vom Seitenwind von der Fahrbahn gedrückt und überschlägt sich. Wenige Stunden zuvor hat Rudolf Caracciola (Mercedes-Benz) an selber Stelle einen neuen Rekord für Fahrten auf normaler Straße aufgestellt; er erreicht 432 km/h. ▼

1939 | Die von Oldsmobile entwickelte Hydra-Matic ist das erste funktionsfähige Automatikgetriebe.

1940 | Der Zweite Weltkrieg stoppt den Grand-Prix-Sport weitgehend. Zwischen 1940 und 1942 finden nur fünf Rennen statt, alle in Brasilien und Argentinien. 1943 und 1944 finden keine Grands Prix statt. Das erste Nachkriegsrennen ist der Paris Cup im September 1945. 1946 werden bereits wieder 20 Grands Prix ausgetragen.

1940 | Enzo Ferrari, zuvor Rennleiter bei Alfa Romeo, gründet seine eigene Firma. 1943 zieht Auto Avio Costruzioni – seinen eigenen Namen darf Ferrari aufgrund eines Vertrages nicht verwenden – nach Maranello um.

1941 | Ein Testfahrer der Firma Willys-Overland verwendet zum ersten Mal den Namen „Jeep" für ein militärisches Allradfahrzeug der Marke. Wie er auf diese Idee kam, ist umstritten. Möglicherweise dachte er dabei an eine Comicfigur, die überall durchkam. ▼

1942 | Der amerikanische Hersteller Nash bietet als erster einen Außenspiegel auch auf der Beifahrerseite an.

1942 | Auf Basis des KdF-Wagens baut das Volkswagenwerk ein schwimmfähiges Militärfahrzeug, den Typ 166. ▼

1945 | In Frankreich wird der Hersteller Renault verstaatlicht, ein Jahr nach dem Tod des Gründers Louis Renault.

1945 | Aus der „Stadt des KdF-Wagens" wird Wolfsburg. Die unter britischer Kontrolle stehenden Wolfsburg Motor Works entwickeln den KdF-Wagen weiter, der unter dem Namen „Volkswagen" zunächst in geringen Stückzahlen produziert wird.

1946 | Der ADAC wird neu gegründet, zunächst nur in Bayern und der amerikanischen Besatzungszone.

1945 | Der Amerikaner Ralph Teetor entwickelt einen Tempomaten, dessen Arbeitsprinzip heutigen Tempomaten gleicht.

1946 | Michelin meldet den Radial- bzw. Gürtelreifen zum Patent an. ▼

1937 | In San Francisco (USA) wird nach vierjähriger Bauzeit die 1280 Meter lange Golden Gate Brücke eröffnet, die bis dahin weltweit längste Hängebrücke.

1938 | Aufgrund steigender Verkehrsopferzahlen treten neue Verkehrsregeln in Kraft; dazu gehört auch das unbedingte Rechtsfahrgebot auf allen Straßen.

1940 | Die Brüder Richard und Maurice McDonald eröffnen in San Bernardino (Kalifornien) das erste McDonald's-Restaurant.

1945 | Am 8. Mai endet mit der Kapitulation Deutschlands der Zweite Weltkrieg. Allein in Europa sind insgesamt fast 40 Millionen Kriegsopfer zu beklagen.

1946 | Eröffnung der ersten UN-Vollversammlung durch Paul-Henri Spaak, der auch als einer der Gründerväter der Europäischen Union gilt.

1980

1980 | Die japanische Marke Daihatsu exportiert ihre Kleinwagen nun auch nach Europa. Erstes in Deutschland erhältliches Modell ist der Cuore.

1980 | In den Alpen wird der knapp 17 Kilometer lange Gotthard-Straßentunnel eröffnet.

1980 | Der Audi Quattro ist das erste deutsche Serienauto mit permanentem Allradantrieb. Entwickelt wird das von einem serienmäßig 200 PS starken Turbomotor angetriebene Coupé für den Rallyesport. Opel kontert mit dem Ascona 400, der mit Heckantrieb und 2,4-Liter-Saugmotor (144 PS Serie) vergleichsweise konventionell ausfällt. ▼

1980 | Die Mercedes S-Klasse (W 126) ist die erste Baureihe, für die ein Airbag als Option bestellt werden kann. ▶

1980 | Cadillac bietet für den V8-Motor des Modells Seville zum ersten Mal eine Zylinderabschaltung an. Wenn nur wenig Leistung benötigt wird, werden zwei oder vier Zylinder nicht mit Kraftstoff versorgt. Diese Technik spart zwar Benzin, erweist sich aber als noch zu anfällig.

1980 | Walter Röhrl (Fiat) wird Rallye-Weltmeister.

1981

1981 | In Sinsheim eröffnet das Auto- und Technikmuseum.

1981 | Honda bietet im Modell Accord ein einfaches Navigationssystem an.

1981 | Der Fiat Panda zeigt, dass einfachste Technik ausreicht, um als „tolle Kiste" Kultstatus zu erreichen.

1981 | Mit dem Ascona C wechselt Opel auch in der Mittelklasse zum Frontantrieb. ▼

1981 | Die Französin Michèle Mouton ist die erste – und bis heute einzige – Frau, die einen Lauf zur Rallye-Weltmeisterschaft (San Remo, Italien) gewinnt. Die Audi-Werkspilotin siegt ein Jahr später noch drei Mal. ▶

1982

1982 | Die ADAC Luftrettung wird gegründet. Rettungshubschrauber werden aber bereits seit 1970 vom ADAC eingesetzt.

1982 | Mercedes-Benz bringt mit dem Modell 190 (Spitzname Baby-Benz) erstmals wieder ein Mittelklasse-Fahrzeug.

1982 | Audi wird Rallye-Marken-Weltmeister. Der Fahrertitel geht wieder an Walter Röhrl (Opel). ▼

1983

1983 | Mazda kombiniert im Sportcoupé RX7 als erster Hersteller serienmäßig einen Wankelmotor mit Turboaufladung. ▼

1983 | Bosch präsentiert die vollelektronische Zündung ohne mechanische Hochspannungsverteilung.

1983 | Bei einem Sportwagenrennen in Riverside/Kalifornien verunglückt der deutsche Formel-1-Pilot Rolf Stommelen tödlich.

1984

1984 | Konsequente Umsetzung der Gurtpflicht: Das Nicht-Anschnallen auf den Vordersitzen kostet in Deutschland 40 Mark Strafe.

1984 | Zwei kleine Sportcoupés aus Japan begeistern auch die Deutschen. Honda bietet im Civic CRX drehfreudige 100 PS, Toyota entlockt dem als Mittelmotor angeordneten Triebwerk des MR2 sogar 124 PS.

1984 | Erstes Serienfahrzeug mit Erdgasantrieb.

1984 | Der Renault Espace erscheint als erster auf Pkw-Technik basierender Minivan. Revolutionär ist das Innenraumkonzept mit herausnehmbaren Sitzen. ▼

1984 | In Deutschland wird zum ersten Mal die Produktionswagen-Meisterschaft ausgetragen, aus der die Deutsche Tourenwagen-Meisterschaft (DTM) hervorgeht. Erster Meister dieses ausschließlich mit seriennahen Fahrzeugen ausgetragenen Championats wird Volker Strycek (BMW).

1980 | Am 13. Januar gründet sich die Partei „Die Grünen" in Karlsruhe. Ihre Ausrichtung ist links und stark ökologisch geprägt.

1981 | Die Immunschwächekrankheit Aids tritt erstmalig auf.
IBM stellt den ersten Personal Computer (PC) vor.

1982 | Helmut Kohl (CDU) wird nach einem konstruktiven Misstrauensvotum im Deutschen Bundestag neuer Regierungschef. Helmut Schmidt tritt zurück.

1983 | Der Stern veröffentlicht angebliche Tagebücher von Adolf Hitler. Keine zwei Wochen später stellt sich heraus, dass diese Dokumente gefälscht sind.

1984 | Die ersten privaten Fernsehsender gehen auf Sendung: Die „Programmgesellschaft für Kabel- und Satellitenrundfunk" (PKS).

1975

1975 | In Deutschland wird die Volljährigkeit neu geregelt. Damit sinkt das Mindestalter für einen Pkw-Führerschein auf 18 Jahre (zuvor 21).

1975 | Der ehemalige General-Motors-Vizepräsident John de Lorean gründet seine eigene Firma, die bereits 1982 wieder in Konkurs geht. Einziges Modell ist der Flügeltürer DMC-12 (verkauft ab 1980), dessen Karosserie aus Edelstahl besteht und der im Film „Zurück in die Zukunft“ berühmt wird.

1975 | In den USA wird der so genannte Flottenverbrauch eingeführt, bei dem der Durchschnittsverbrauch aller Fahrzeuge eines Herstellers ermittelt wird. Marken, die festgelegte Grenzen überschreiten, müssen ab sofort hohe Strafen zahlen.

1975 | Maserati wechselt wieder einmal den Besitzer. Der argentinische Rennfahrer Alessandro de Tomaso übernimmt die traditionsreiche Marke von Citroën.

1975 | BMW präsentiert den neuen 3er, der sich zur erfolgreichsten Baureihe der Marke entwickeln wird. Von der ersten Generation E21 werden bis 1983 über 1,36 Millionen Exemplare verkauft.

1975 | Beim Großen Preis von Spanien bricht am Fahrzeug von Rolf Stommelen der Heckflügel. Der Deutsche verliert die Kontrolle und schleudert über die Leitplanken. Fünf Zuschauer und Streckenposten sterben, Stommelen wird schwer verletzt. Auf dem Stadtkurs am Montjuic findet nie wieder ein Rennen statt.

1975 | Das Material der 5-DM-Münze wird von Silber auf eine Stahllegierung umgestellt. Der Grund: die Herstellung war teurer als der Geldwert der Münze.

1976

1976 | Deutschland führt die – zunächst noch straflose – Anschnallpflicht ein. Außerdem müssen Motorradfahrer ab sofort Helm tragen.

1976 | Citroën und Peugeot werden zum PSA-Konzern vereint.

1976 | Die russische Marke Lada startet den Verkauf des Geländewagens Niva. Er findet auch im westlichen Europa zahlreiche Kunden.

1976 | Volkswagen legt mit dem Golf GTI den Urahn aller Kompaktsportler auf Kiel. Als Antrieb dient der 110-PS-Motor des Audi 80 GTE. ▼

1976 | Mit dem Fiesta erweitert Ford seine Modellpalette um einen Kleinwagen.

1976 | Mit einem schweren Feuerunfall von Niki Lauda endet die Formel-1-Ära auf der über 20 km langen Nordschleife des Nürburgrings. Ironie des Schicksals: Der Neubau der Südschleife (weniger als fünf Kilometer lang) war vorher schon geplant. Erst 1984 kehrt der Grand-Prix-Zirkus in die Eifel zurück.

1976 | Der Montag wird als erster Tag der Woche festgelegt. Die Gurtpflicht wird eingeführt.

1977

1977 | Die Leistungsangabe für Pkw wird offiziell von PS auf kW umgestellt.

1977 | Der ADAC hat mehr als fünf Millionen Mitglieder.

1977 | Mitsubishi exportiert nun auch Autos in die Bundesrepublik.

1977 | Mercedes-Benz bietet mit dem 300 SD den ersten Pkw-Dieselmotor mit Turboaufladung an. ▼

1977 | Der Porsche 928 soll eigentlich den technisch veralteten Typ 911 ablösen. Dies gelingt dem großen Coupé mit V8-Frontmotor nicht. Stattdessen entwickelt sich der „Elfer“ zum Rückgrat des Unternehmens. ▼

1977 | Der Saab 99 erhält als erstes Fahrzeug des schwedischen Herstellers einen Motor mit Turbolader.

1977 | Beim Großen Preis von Südafrika kommt Formel-1-Pilot Tom Pryce ums Leben, als er einen während des Rennens über die Piste laufenden Streckenposten überfährt. Auch der Posten stirbt.

1977 | RAF-Terrorwelle: Jürgen Ponto wird in seinem Haus erschossen, Entführung der Lufthansa-Maschine „Landshut“, Hanns Martin Schleyer wird ermordet.

1978

1978 | Volkswagen stellt die Produktion des Käfer in Deutschland (zuletzt in Emden) ein. Er wird aber in Mexiko weiter gebaut und auch in die Bundesrepublik importiert. Gleichzeitig eröffnet der deutsche Konzern als erster ausländischer Hersteller ein Automobilwerk in den USA. In Westmoreland/Pennsylvania wird der dem Golf ähnliche Rabbit montiert. ▼

1978 | Bosch entwickelt ein elektronisches Bremsen-Antiblockiersystem und lässt die Abkürzung ABS schützen. In der Mercedes S-Klasse (W 116) wird das System erstmals eingesetzt. ▼

1978 | BMW startet den Versuch, mit dem 277 PS starken Mittelmotor-Coupé M1 der Konkurrenz von Ferrari Paroli zu bieten.

1978 | Im Alter von 80 Jahren stirbt der Flugzeugkonstrukteur Willy Messerschmitt in München.

1979

1979 | In Deutschland werden Sicherheitsgurte für die hinteren Sitze vorgeschrieben.

1979 | Der Benzinpreis überschreitet die Grenze von einer Mark pro Liter.

1979 | Die Marke Ferrari wird nun vollständig in den Fiat-Konzern eingegliedert.

◀ **1979 |** Einige Jahre später als bei der Konkurrenz verabschiedet sich auch Opel in der Kompaktklasse vom Heckantrieb. Der Kadett D hat einen quer eingebauten Motor und Frontantrieb.

1979 | Bosch führt die elektronische Kennfeld-Zündung (Motronic) ein.

1979 | Mercedes präsentiert die G-Klasse. Der heute noch gebaute Allradler, der sich im Laufe der Jahrzehnte optisch nur wenig ändert, wird zu einem der erfolgreichsten Geländewagen weltweit.

1979 | Die erste Rallye Paris-Dakar endet mit einem Sieg des Yamaha-Piloten Cyril Neveu. Noch werden Motorräder und Autos gemeinsam gewertet.

1979 | Nato Doppelbeschluss: Die Nato bietet dem Warschauer Pakt Verhandlungen über Abrüstung an, kündigt aber zugleich notfalls eine Aufrüstung an.

1947	1948	1949	1950	1951

Personen, Unternehmen & Ereignisse

1947 | Ferrari stellt das erste Straßen-Fahrzeug der Marke vor, den 125 C Sport.

1948 | Soichiro Honda gründet in Tokio sein eigenes Unternehmen, das zunächst Hilfsmotoren für Fahrräder fertigt. ▼

◀ **1948 |** Heinrich Nordhoff wird neuer Generaldirektor bei Volkswagen. Unter seiner Führung wird VW größter Autohersteller Europas, auch die Expansion nach Südamerika treibt er voran. Weil er zu lange an luftgekühlten Motoren (z. B. VW Käfer) festhält, führt er als Vorstandsvorsitzender den Konzern Ende der 1960er Jahre aber auch in eine große Krise.

1949 | Der ADAC ist wieder im gesamten westlichen Deutschland vertreten.

1949 | In Frankreich sorgt der Citroen 2CV („Ente") dafür, dass sich auch Kleinverdiener ein Auto leisten können. ▶

1949 | Der Österreicher Karl Abarth, der sich nach der Auswanderung nach Italien Carlo nennt, gründet in Turin sein eigenes Unternehmen. Mit Motortuning (besonders Fiat) und selbst entwickelten Rennautos erlangt er Weltruhm.

1949 | In Ingolstadt wird die Auto Union neu gegründet, die nach Kriegsende offiziell gelöscht worden war. Erste Produkte sind Transporter und Motorräder der Marke DKW. In den früheren Auto-Union-Werken in der DDR werden nun u. a. Autos der Marken IFA und Sachsenring gebaut.

1950 | In Barcelona/Spanien wird die Sociedad Española de Automóviles de Turismo gegründet, kurz Seat. Zunächst werden ausschließlich Fiat-Modelle in Lizenz gefertigt.

1951 | Deutschland führt die verpflichtende Hauptuntersuchung ein, die zunächst ausschließlich vom Technischen Überwachungsverein (TÜV) durchgeführt wird.

1951 | Die erste Internationale Automobilausstellung (IAA) der Nachkriegszeit findet in Frankfurt statt.

1951 | Der 1875 geborene Autokonstrukteur und Sportwagenbauer Ferdinand Porsche stirbt in Stuttgart.

1951 | In Flensburg wird das Kraftfahrtbundesamt (KBA) gegründet.

Fahrzeuge & Technik

1947 | Flugzeughersteller Saab stellt den ersten selbst entwickelten Pkw vor, der Prototyp heißt 92001. ▼

1947 | Die amerikanische Firma BF Goodrich stellt einen schlauchlosen Pkw-Reifen vor.

1948 | Der Lancia Ardea (3. Serie) ist der erste Pkw mit serienmäßigem Fünfganggetriebe.

1948 | Als erster Sportwagen von Porsche ist ein 356 Roadster am 8. Juni 1948 fahrbereit. Der Prototyp mit der Fahrgestellnummer 356-001 absolviert in Kärnten seine letzten Probefahrten, anschließend beginnt die Serienproduktion im österreichischen Gmünd. ◀

1948 | Buick entwickelt mit dem System Dynaflow die erste Automatik mit Drehmomentwandler.

1948 | Der Tucker Torpedo ist das erste Serienfahrzeug mit Scheibenbremse.

1949 | Im Ford Vedette wird zum ersten Mal eine Radaufhängung nach dem System McPherson (Federbein mit Schraubenfedern) verwendet.

1949 | Das Osnabrücker Karosseriebau-Unternehmen Karmann stellt das erste VW Käfer Cabrio vor. ▼

1950 | Der Amerikaner Charles F. Hammond entwickelt die hydraulisch unterstützte Servolenkung zur Einsatzreife.

1950 | Im Deutschen Museum in München präsentiert Felix Wankel den ersten Kreiskolbenmotor, der für den Einsatz im Pkw konstruiert ist.

1950 | Rover baut den Prototypen eines Turbinenfahrzeugs (Jet 1). Diese Technik wird allerdings nie in Serie gehen.

1950 | Die so genannte Exportversion des VW Käfer verkauft sich auch in Deutschland prächtig. 25 PS reichen für eine Höchstgeschwindigkeit von 100 km/h.

1951 | Der Gutbrod Superior bzw. Goliath GP 700 Sport sind die ersten Serien-Fahrzeuge mit mechnischer Benzin-Direkteinspritzung (Bosch).

Motorsport & Rekorde

1947 | John Cobb schraubt den Geschwindigkeitsrekord für Landfahrzeuge in Bonneville auf 634,39 km/h.

1949 | In Daytona/Florida wird die National Association of Stock Car Auto Racing (NASCAR) gegründet. Die von ihr veranstalteten Tourenwagen-Rennen sind bald die Nummer eins für die amerikanischen Motorsportfans.

1950 | Aus der zuvor losen Aneinanderreihung so genannter Grand-Prix-Rennen wird die Formel 1. Der erste Weltmeister heißt Giuseppe „Nino" Farina (Italien) auf Alfa Romeo. Die Saison umfasst 15 Rennen, darunter die Großen Preise von Monaco, Großbritannien, Frankreich und Italien. Auch der GP Schweiz und das 500-Meilen-Rennen von Indianapolis gehören dazu. Deutschland erhält erst 1951 einen Formel-1-Lauf.

1951 | Erstmals nach dem Zweiten Weltkrieg starten wieder deutsche Fahrzeuge in der Formel 1: Um die Konkurrenzfähigkeit des Vorkriegsrennwagens W 154 zu testen, geht das Mercedes-Team unter der bewährten Führung von Alfred Neubauer mit den Piloten Hermann Lang und Karl Kling im Februar in Buenos Aires/Argentinien an den Start. Im Juni verkündet die Konzernleitung von Daimler-Benz das künftige Motorsport-Engagement und bekennt sich dabei zu Renn- und Sportwagen. ▶

Zeitgeschehen

1947 | US-Außenminister Marshall verkündet die Grundlagen des Marshall-Planes zur Unterstützung Europas.

1948 | Die Währungsreform in den drei Westzonen und die damit verbundene Einführung der D-Mark leiten den wirtschaftlichen Aufschwung ein.

1949 | Am 23. Mai wird die Bundesrepublik gegründet. Erster Bundeskanzler wird Konrad Adenauer von der CDU.

1950 | Die „Arbeitsgemeinschaft der öffentlich-rechtlichen Rundfunkanstalten der Bundesrepublik Deutschland" ARD nimmt als Rundfunkanstalt ihre Arbeit auf.

1951 | Bundespräsident Theodor Heuss stellt die neue deutsche Nationalhymne vor.

1952	1953	1954	1955	1956

1952 | In Deutschland wird der Zebrastreifen eingeführt. Die ersten dieser neuartigen Fußgängerüberwege werden in München angelegt.

1952 | Die beiden Hersteller Austin und Nuffield verschmelzen zur British Motor Corporation (BMC). Sie produziert Fahrzeuge der Marken Austin, Morris, MG und andere, die fast 40 Prozent des heimischen Marktes abdecken.

1952 | Béla Barényi, der seit 1939 Ingenieur bei Daimler-Benz ist, erfindet die Karosserie mit Knautschzone. Front- und Heckpartie verformen sich bei einem Unfall gezielt und bauen so Energie ab. Eingesetzt wird diese Technologie zum ersten Mal bei der Baureihe W111 „Heckflosse" (ab 1959). Der 1907 in Österreich-Ungarn geborene Barényi gestaltet durch seine Arbeit maßgeblich die Zukunft der passiven Sicherheit. Unter seiner Leitung entstehen so wichtige Erfindungen wie die Sicherheitslenkung, das Sicherheitslenkrad mit nachgiebigem, deformierbarem Pralltopf und das Keilzapfen-Türschloss, das ein ungewolltes Aufspringen der Türen bei einem Unfall verhindert. ▶

1952 | Am 24. Juni erscheint zum ersten Mal die Bild-Zeitung.

1953 | Die 50-Jahr-Feier begeht der ADAC mit rund 200.000 Mitgliedern.

1953 | Zum ersten Mal werden alle Verkehrsunfälle in der Bundesrepublik statistisch erfasst. Die Statistik weist 11.299 Tote und 310.511 Verletzte auf.

1953 | In Kassel wird die erste Fußgängerzone Deutschlands eingerichtet.

1953 | Die Chevrolet Corvette ist das erste Serienfahrzeug mit einer Karosserie aus Kunststoff. ▼

1953 | Nach einer Entwicklung von Delco Remy wird die Bordspannung im Pkw allmählich von 6 auf 12 Volt umgestellt.

1953 | Ein neues Modell auf dem Markt der Kleinstfahrzeuge ist der Kabinenroller des Flugzeugkonstrukteurs Willy Messerschmidt.

1953 | Am 2. Juni findet die offizielle Krönung von Queen Elisabeth II in der Londoner Westminster Abbey statt.

1954 | Die neue ADAC-Straßenwacht wird vorgestellt. Sie besteht aus einer Flotte von 60 Beiwagen-Motorrädern der Marken BMW, NSU und Zündapp. ▼

1954 | Der mit Flügeltüren versehene Mercedes 300 SL sorgt für Aufsehen. Unter der Karosserie steckt Renntechnik pur: Gitterrohrrahmen als tragende Struktur, 215 PS starker Sechszylindermotor mit Benzin-Direkteinspritzung, Höchstgeschwindigkeit 260 km/h. Insgesamt werden 1400 Exemplare gebaut, die weitaus meisten des später zum „Sportwagen des Jahrhunderts" gewählten Flügeltürers gehen in die USA. ▼

1954 | Der Austin Healey 100S ist das erste Serienauto mit Scheibenbremsen an allen vier Rädern.

1954 | Der Internationale Motorsportverband führt die Sportwagen-Weltmeisterschaft ein. Ferrari gewinnt den ersten Titel.

1954 | Bei der Fußball-WM in der Schweiz wird Deutschland erstmalig Weltmeister. Im Finale gelingt der Mannschaft von Sepp Herberger das „Wunder von Bern".

1955 | In Wolfsburg läuft der einmillionste VW Käfer vom Band. ▶

1955 | Jean Rédélé gründet im nordfranzösischen Dieppe ein Unternehmen, in dem er auf Basis von Renault-Serienfahrzeugen selbst entwickelte Sportwagen herstellt. In Anlehnung an frühere Erfolge als Rallyefahrer (u. a. Alpenpokal) nennte er seine Firma Alpine.

1955 | Die deutsche Firma Bosch entwickelt eine mechanische Saugrohr-Einspritzung, die im Mercedes 300SC erstmals serienmäßig eingesetzt wird.

1955 | Bei einem Unfall während des 24-Stunden-Rennens in Le Mans kommen Mercedes-Pilot Pierre Levegh (Startnr. 20) und 83 Zuschauer ums Leben. Mercedes zieht sich daraufhin aus dem Rennsport zurück. ▶

1955 | Die Lufthansa fliegt zum ersten Mal nach dem Krieg wieder. Zeitgleich starten zwei Maschinen in Hamburg und München zum ersten Linienflug.

1956 | Der Franzose Eugene Houdry meldet einen Katalysator für Benzinmotoren zum Patent an. Da das dafür nötige bleifreie Benzin noch nicht zur Verfügung steht, wird die Technik zunächst nicht eingesetzt.

1956 | In Eisenach läuft in einem ehemaligen BMW-Werk die Produktion des Wartburg 311 an.

1956 | In Deutschland wird das Sonntagsfahrverbot für Lkw eingeführt.

1956 | Für BMW kreiert Albrecht Graf Goertz die Design-Ikone 507. ▼

1956 | DKW verwendet erstmals aus glasfaserverstärktem Kunststoff (GFK) hergestellte Karosserien.

1956 | Studebaker erfindet das Sperrdifferenzial.

1956 | Der deutsche Bundestag beschließt die Einführung der 12-monatigen Wehrpflicht. Sie gilt für alle Männer, die nach dem 30.06.1937 geboren sind.

1971

1971 | Mit der „Silbernen Zitrone“ kürt der ADAC den Neuwagen mit den meisten Pannen und Herstellungsfehlern. Als erster „Sieger“ wird ein Ford Taunus 1600 XL ermittelt.

1971 | Toyota verkauft nun auch in der Bundesrepublik Autos. Der Startschuss fällt mit dem Corolla, der im ersten Jahr immerhin knapp 700 Kunden findet. ▼

1971 | Der britische Flugzeugtriebwerke- und Luxusfahrzeugehersteller Rolls-Royce muss Konkurs anmelden und wird vom Staat gerettet. Die 1973 durchgeführte Aufspaltung des Unternehmens ermöglicht der Automobilsparte einen Neustart.

1971 | Daimler-Benz meldet den Airbag zum Patent an.

1971 | Bosch entwickelt das Halogenlicht (H4).

1971 | Volvo bemüht sich um ein sportliches Image. Den Weg dorthin soll das Modell P1800 ES weisen, das wegen seiner großen Glasflächen schnell den Spitznamen „Schneewittchensarg“ bekommt. ▼

1971 | Der Schweizer Formel-1-Rennfahrer Jo Siffert kommt bei einem Rennen in Brands Hatch/GB ums Leben.

1971 | Nachfolger des zurückgetretenen Walter Ubricht als Erster Sekretär des Zentralkomitees der SED wird Erich Honecker.

1972

1972 | In der Bundesrepublik wird das allgemeine Tempolimit von 100 km/h auf Landstraßen eingeführt. Auslöser für diese Maßnahme ist auch die hohe Zahl von rund 20.000 Verkehrstoten in jenem Jahr.

1972 | Mit über 15 Millionen produzierten Exemplaren löst der VW Käfer den Ford Model T als meistgebautes Auto der Geschichte ab.

1972 | Frontscheiben aus Verbundsicherheitsglas werden zum Standard.

1972 | Erster Großserien-Pkw mit Allradantrieb (Subaru Leone). ▼

1972 | Renault präsentiert den R5, der zeitweise das meistverkaufte Auto in Frankreich sein wird.

1972 | Der Brasilianer Emerson Fittipaldi wird zum ersten Mal Formel-1-Weltmeister.

1972 | Willy Brandt wird zum zweiten Mal Bundeskanzler.
In Stade wird das erste Kernkraftwerk der Bundesrepublik in Betrieb genommen.

1973

1973 | In den USA wird der Fahrer-Airbag Pflicht.

1973 | Die Bundesrepublik führt die Grenze von 0,8 Promille Blutalkohol ein.

1973 | Die erste „Ölkrise“ sorgt in der Bundesrepublik für vier autofreie Sonntage.

1973 | Erich Bitter wird Automobilhersteller. Sein erstes Fahrzeug ist das Modell CD, das technisch auf dem Opel Diplomat basiert.

1973 | John J. Mooney und Carl D. Keith entwickeln den Drei-Wege-Katalysator für die Engelhard Corporation zur Einsatzreife.

1973 | Noch vor dem Golf markiert der Passat den Neuanfang bei Volkswagen. Er ist das erste Modell der Marke mit wassergekühltem Frontmotor. ▼

1973 | Bosch zeigt die mechanisch-hydraulische Benzin-Einspritzung K-Jetronic und die elektronische Einspritzung L-Jetronic.

1973 | Der BMW 2002 Turbo ist das erste deutsche Serienfahrzeug mit Turbolader. ▶

1973 | Die Rallye-Weltmeisterschaft (zunächst nur für Marken, ab 1979 auch für Fahrer) wird eingeführt.

1973 | In der Bundesrepublik Deutschland wird die bundesweite Einführung der Notrufnummern 110 und 112 beschlossen

1974

1974 | In den USA sind Katalysatoren – zunächst noch ungeregelt – für alle Neufahrzeuge vorgeschrieben.

1974 | Verkehrsvergehen werden nun mit einem Punktesystem im Verkehrszentralregister in Flensburg erfasst.

1974 | Volkswagen beginnt mit der Produktion des Golf. Er ist das zweite Fahrzeug der Marke mit wassergekühltem Motor. ▼

1974 | Porsche präsentiert den 911 Turbo, mit dem die Turboaufladung von Motoren für Sportwagen etabliert wird. ▼

1974 | Bundeskanzler Willy Brandt tritt im Mai aufgrund der Guillaume-Affäre zurück. Neuer Bundeskanzler wird Helmut Schmidt, ebenfalls von der SPD.

1967	1968	1969	1970

Personen, Unternehmen & Ereignisse

1967 | Die zuvor nur mit Motorrädern auf dem deutschen Markt vertretene Marke Honda vertreibt nun auch Autos (S800). Der kleine Roadster wird von einem nur 800 Kubikzentimeter großen Vierzylinder angetrieben, der für die Zeit erstaunliche 67 PS leistet.

1967 | Als letztes Land auf dem europäischen Kontinent stellt Schweden von Links- auf Rechtsverkehr um.

1967 | Der Schweizer Peter Monteverdi, zeitweise der jüngste Ferrari-Händler der Welt, konstruiert schon seit einigen Jahren Rennwagen. Das Coupé High Speed 375 ist sein erstes Straßenfahrzeug. Als Antriebsquelle dient ein V8-Motor von Chrysler. ▼

1967 | Der französische Rüstungskonzern Matra steigt in das Automobilgeschäft ein. Das erste selbst entwickelte Modell ist der 2+2-sitzige Mittelmotor-Sportwagen 530. 1969 wird die Marke sogar Formel-1-Weltmeister und gewinnt in den 1970er Jahren außerdem mehrfach das 24-Stunden-Rennen in Le Mans

1968 | Opel präsentiert mit dem Sportcoupé GT eine verkleinerte Ausgabe des legendären Chevrolet Corvette. Zur Wahl stehen zwei Motoren mit 60 und 90 PS, die eine Höchstgeschwindigkeit von 155 bzw. 185 km/h ermöglichen. Ford kontert mit dem Capri. ▼

1969 | Der Deutsche Verkehrssicherheitsrat wird gegründet. Vertreter aus Ministerien, der Automobilindustrie, Versicherungen und Wirtschaftsverbänden erarbeiten Maßnahmen zur Steigerung der Sicherheit im Straßenverkehr.

1970 | In Deutschland werden Sicherheitsgurte für die vorderen Sitze vorgeschrieben. Im selben Jahr verzeichnet die Unfallstatistik mit 21.332 Verkehrstoten einen traurigen Rekord.

1970 | Die ersten europäischen Emissionsgrenzen für Kohlenmonoxid und Kohlenwasserstoffe (Abgasnorm Euro 1) treten in Kraft.

1970 | Der erste ADAC-Rettungshubschrauber wird in Betrieb genommen. Der Helikopter namens „Christoph" hat einen Piloten, einen Sanitäter und einen Arzt an Bord.

Fahrzeuge & Technik

1968 | Bosch hat eine elektronische Benzin-Einspritzung (D-Jetronic) zur Serienreife entwickelt. Sie wird im VW Typ 3/Typ 4 erstmals eingesetzt.

1968 | Mercedes präsentiert die Baureihe 114/W115. Als Diesel-Version wird der „Strich-Achter" zum Liebling der Taxifahrer.

1969 | Die Auto Union und NSU fusionieren. Firmensitz ist Neckarsulm.

1969 | Fiat übernimmt Lancia von Italcementi sowie Anteile an Ferrari.

1969 | Beim Citroën DS folgen die Scheinwerfer dem Lenkeinschlag (Kurvenlicht). ▼

1970 | Mit dem Manta bietet Opel ein preisgünstiges Coupé an, von dem bis 1975 rund 160.000 Exemplare verkauft werden. ▼

1970 | Der Range Rover erscheint, der Urahn aller heutigen Sports Utility Vehicle (SUV).

1970 | Zum ersten Mal fährt ein Auto auf dem Mond. Apollo 15 hat das „Lunar Roving Vehicle" auf den Erdtrabanten gebracht. ▶

Motorsport & Rekorde

1969 | Der Schotte Jackie Stewart gewinnt seinen ersten von insgesamt drei Weltmeistertiteln in der Formel 1.

1969 | Porsche gewinnt zum ersten Mal die Sportwagen-Weltmeisterschaft.

1970 | Zum ersten Mal erreicht ein Landfahrzeug eine Geschwindigkeit von über 1000 km/h. Auf einem Salzsee in Utah durchbricht Gary Gabelich mit dem Raketenauto „Blue Flame" diese Grenze.

1970 | Der Österreicher Jochen Rindt verunglückt in Monza tödlich, wird aber postum Formel-1-Weltmeister. ▼

1967 | Im Juni wird bei einer Demonstration in Berlin der Student Benno Ohnesorg erschossen.

1968 | Das tödliche Attentat auf Friedensnobelpreisträger Martin Luther King schockiert die Welt.

1969 | Am 20. Juli betritt mit Neil Armstrong erstmals ein Mensch den Mond. „Ein kleiner Schritt für einen Mann, aber ein großer Schritt für die Menschheit."

1970 | Bundeskanzler Willy Brandt kniet vor dem Ehrendenkmal des jüdischen Ghettos in Warschau. Der erste Tatort, „Taxi nach Leipzig", wird ausgestrahlt.

1957

1957 | In Deutschland wird eine Höchstgeschwindigkeit von 50 km/h innerhalb von Ortschaften eingeführt. Außerdem sind ab sofort Blinkleuchten als Fahrtrichtungsanzeiger vorgeschrieben.

1957 | Der Volkseigene Betrieb (VEB) Automobilwerke Sachsenring Zwickau beginnt mit der Produktion des Trabant.

1957 | NSU, zu diesem Zeitpunkt größter Motorradhersteller der Welt, präsentiert auf der IAA das neue Automodell Prinz. ▶

1957 | Fiat stellt den Nuova 500 vor, der einer der beliebtesten Kleinwagen Europas wird. ▼

1957 | Sechs Staaten gründen die Europäische Wirtschaftsgemeinschaft (EWG). In Deutschland wird ein Tempolimit von 50 km/h in Ortschaften eingeführt.

1958

1958 | Das deutsche Verkehrszentralregister, allgemein Verkehrsünderkartei genannt, wird in Flensburg eingerichtet.

1958 | Mit dem Inkrafttreten des Gleichberechtigungsgesetzes müssen Frauen nicht mehr die Genehmigung ihres Ehemanns einholen, wenn sie den Führerschein machen wollen.

1958 | Ford zeigt die Studie „Nucleon", die von einem Atomreaktor angetrieben werden soll. Sie wird nie Realität. ▼

1958 | In Deutschland sind nun Autotelefone bundesweit erreichbar.

1958 | Die Weltwirtschaft erlebt ihre erste Rezession der Nachkriegszeit. Dank Wirtschaftswunder bleibt Deutschland weit gehend verschont.

1959

1959 | In Düsseldorf wird zum ersten Mal ein mobiles Radargerät eingesetzt, um die Geschwindigkeit von Verkehrsteilnehmern zu überwachen.

1959 | Der Volvo Amazon und der Volvo P544 sind die ersten Fahrzeuge mit Dreipunktgurt. Die Konstruktion des Ingenieur Nils Ivar Bohlin gilt als eine der 100 wichtigsten Erfindungen des 20. Jahrhunderts. ▼

1959 | Die British Motor Corporation (BMC) stellt den Mini vor, der eine völlig neue Fahrzeugklasse begründet. ▼

1959 | DAF stellt das erste Auto aus niederländischer Produktion nach dem Krieg vor. Im Modell 600 arbeitet ein stufenloses Automatikgetriebe.

1959 | Auf Kuba übernehmen die Revolutionäre unter Fidel Castro die Macht. Diktator Batista flieht in die Dominikanische Republik.

1960

1960 | In Gravenbruch eröffnet das erste Autokino Deutschlands.

1960 | Der japanische Nutzfahrzeughersteller Mazda fertigt nun auch Pkw. Mazda – der Name ist eine Ableitung von der höchsten zoroastrischen Gottheit der Weisheit und Erkenntnis – präsentiert mit dem R360 ein zweitüriges Coupé, dessen 16 PS starker Zweizylindermotor mit 356 ccm Hubraum ein Leergewicht von 380 Kilogramm antreiben muss. Unter der Bezeichnung Carol folgt bereits ein Jahr später eine viertürige Variante. ▼

1960 | Die Regierung der DDR schränkt die Reisefreiheit stark ein. DDR-Bürger bekommen nur noch in Ausnahmefällen ein Visum.

1961

1961 | Der Designer Karl Peglau entwickelt für die Ampeln der DDR das sogenannte „Ampelmännchen".

1961 | Der Bremer Automobilhersteller Borgward muss Konkurs anmelden.

1961 | Ab diesem Jahr wird in Deutschland die technische Überprüfung von Fahrzeugen zur Pflicht. Die zu Beginn noch weißen Plaketten verteilt zunächst die Polizei, erst später übernehmen diese Aufgabe TÜV-Prüfstellen. Die wechselnden Farben der Plaketten (Orange, Blau, Gelb, Braun, Rosa und Grün) werden erst 1974 eingeführt.

1961 | Beim Großen Preis von Italien in Monza verunglückt der deutsche Formel-1-Pilot Wolfgang Graf Berghe von Trips tödlich.

1961 | Die DDR-Regierung riegelt die innerdeutsche Grenze ab und beginnt am 13. August mit dem Bau der Berliner Mauer.